畜禽高效规范养殖丛书

手把手教你养肉猪

吴家强 ◎ 主编

山东科学技术出版社
·济南·

图书在版编目（CIP）数据

手把手教你养肉猪 / 吴家强主编 . —济南：山东科学技术出版社，2021.4（2023.6 重印）
（畜禽高效规范养殖丛书）
ISBN 978-7-5723-0840-6

Ⅰ . ①手…　Ⅱ . ①吴…　Ⅲ . ①肉用型 – 猪 – 饲养管理　Ⅳ . ① S828.9

中国版本图书馆 CIP 数据核字 (2021) 第 027299 号

手把手教你养肉猪

SHOUBASHOU JIAONI YANGROUZHU

责任编辑：于　军
装帧设计：孙非羽

主管单位：山东出版传媒股份有限公司
出 版 者：山东科学技术出版社
地址：济南市市中区舜耕路 517 号
邮编：250003　电话：（0531）82098088
网址：www.lkj.com.cn
电子邮件：sdkj@sdcbcm.com
发 行 者：山东科学技术出版社
地址：济南市市中区舜耕路 517 号
邮编：250003　电话：（0531）82098067
印 刷 者：济南麦奇印务有限公司
地址：济南市历城区工业北路 72-17 号
邮编：250101　电话：（0531）88904506

规格：16 开（170 mm × 240 mm）
印张：6.75　**字数：**104 千　**印数：**6 001~8 000
版次：2021 年 4 月第 1 版　**印次：**2023 年 6 月第 3 次印刷
定价：45.00 元

《手把手教你养肉猪》

主　编　吴家强

副主编　于　江　刘纪玉　张米申

编　者　王继英　郭洪梅　孟　凯　邱洪凯

祝永华　杨维仁　杜以军　张玉玉

姜淑贞　苏成文

求等，同时兼顾降低饲料成本，科学合理的饲料搭配，是达到最佳肉料比的基础。

（5）猪群疫病的防控：介绍了以仔猪腹泻为主要特征的肠道性疫病，以呼吸困难、咳嗽为主要特征的呼吸道疾病，以高热为主要特征细菌性和病毒性传染病，概括性强，一目了然，方便养殖者快速判断病情，采取有效的防控措施。还介绍了疫苗免疫、药物保健治疗等。

由于我们的水平有限，书中疏漏在所难免，还望大家多多提出宝贵意见，以共同促进肉猪养殖业的健康发展。

编者

扫描二维码获取更多养猪信息

目录

第一章
猪场选址和猪舍设计

一、场区的选址布局

1. 场址选择

猪场要选择地势较高、开阔、背风、向阳的地方，一般坐北朝南。山东省猪场最佳方位为南偏东 15°，有利于保持猪舍内地面干燥、排水畅通、空气新鲜、阳光充足。猪场的选址对于执行猪场生物安全措施，控制猪场疫病都非常重要。

（1）猪场选址要远离乡村、交通线、工厂等，要求地势较高、干燥。

（2）猪场距离城镇居民区、文化教育科研等人口集中区域及公路、铁路等主要交通干线 500 m 以上。

（3）猪场距离动物隔离场所、无害化处理场所 3 000 m 以上，与其他猪场至少有 1 500 m 的距离，以防外界病原传入场区。

（4）猪场应有充足的电源供应、便利的运输条件、优质的水源等。

2. 场区布局

（1）中小规模的猪场应建有围墙，场区出入口处设置与门同宽、长 4 m、深 0.3 m 以上的消毒池。

猪场围墙

消毒池

（2）猪场可划分为生产区、生活办公区及隔离区。

（3）生产区位于上风向，生产区与生活办公区完全分开且相距 50 m 以上，并有隔离设施。

（4）生产区入口处设置更衣消毒室，各栋舍出入口设置消毒池、消毒盆或者消毒垫，各栋舍距离 5 m 以上或者有隔离设施。

（5）生产区内分设清洁道、污染道。

（6）一般生活办公区设在场区进门处。

（7）隔离区布置在下风向，与生产区有相通的专用通道。

二、猪舍温度控制

1. 猪舍保温隔热设计

（1）屋顶：一般屋顶面积大于墙壁，屋顶的保温隔热设计对调控猪舍温度尤为重要。猪舍可采用色浅、光滑屋顶，增强对辐射热的反射作用。选用导热系数较小、热阻较大的建筑材料，以增加保温隔热效果，如中间夹聚苯板的双层彩钢复合板、钢板内喷聚乙烯发泡等。屋顶吊装天棚是隔热的重要措施，选择导热性小的天棚材料，如玻璃棉、聚苯乙烯泡沫塑料、聚胺脂板等。若在天棚上铺设较厚的玻璃棉、膨胀珍珠岩、矿棉、泡沫等轻型材料，隔热性能更好。另外，将通风屋顶建成 2 层，上层受到太阳辐射空气升温，相对密度变小，由层间的排风口排出，将热量带走；相对密度较大的外界低温空气不断由进风口流入层间，可大大减少屋顶热量传递，有利于夏季隔热；冬季将层间封堵，不流动的空气层有利于保温。

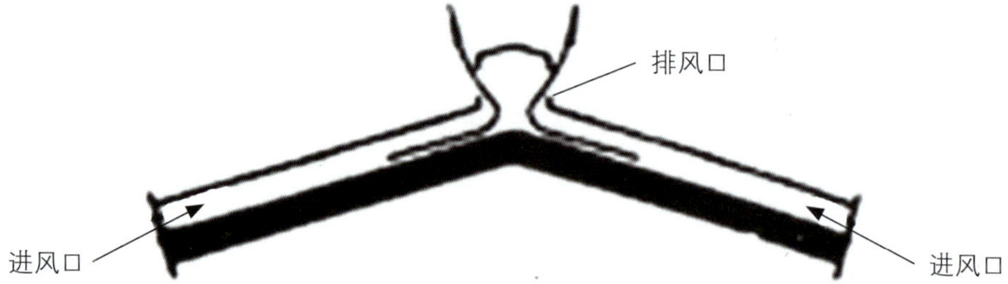

双层屋顶空气流动示意图

（2）墙壁：墙壁热量交换占猪舍总热量的35%~40%，墙壁设计兼顾夏季防暑和冬季保温功能。小型猪舍可采用空心砖或加气混凝土块替代普通红砖，提高墙体的热阻值。大型猪舍的外侧可使用波型铝板，内侧用防水胶合板，在防水胶合板的里面贴一层厚0.1 mm的聚乙烯防水层，铝板与胶合板间充以100 mm玻璃棉。外墙面采用白色或浅色，增加反射太阳辐射的效果，减少太阳辐射热量向舍内传递。

（3）门窗：门窗的热阻值远比墙壁小，门窗缝隙还会造成空气渗透，外门开启也会造成较大热量交换。因此，门窗在满足生产需要、通风和采光前提下，尽量要少。猪舍加装门斗，可以减少热量交换，门斗深度不小于2 m。有窗式猪舍，一般窗户面积为猪舍面积的1/8~1/10，采用双层窗或单框双层玻璃窗。

（4）地面：猪舍地面隔热主要考虑冬季保温。地面铺设导热系数小的隔热层，同时还要做好防水和排水设计，地面最好有防水层并有一定坡度，有利于排水。

2. 猪舍防暑降温措施

（1）加强猪舍通风设计：通风是猪舍夏季降温的重要手段之一。舍外温度低于舍内温度时，通风可驱散舍内热量，不至于舍温过高。猪舍应设置地窗、天窗、通风屋脊、屋顶风管等，以加强通风效果。舍外有风时，地窗可加大通风面积，形成“扫地风”“穿堂风”。舍外无风时，天窗、通风屋脊或屋顶风管作为排气口，窗和地窗作为进气口，加大进、排风口之间的垂直距离，从而增加了通风量。

（2）遮阳与绿化：猪舍窗户上方安装遮阳板；猪舍外部架高遮阳网、遮阳凉篷，防止阳光直接照射猪舍或猪体；猪舍周围种植落叶乔木或在猪舍外墙周围种植攀附植物，以吸收太阳辐射热，降低舍内温度；猪舍墙壁涂抹白水泥或者粉刷白色隔热涂料，可以减少热辐射。

猪场内种植树木、牧草或饲料作物，可以覆盖裸露的地面，吸收太阳辐射，降低环境温度，还可以美化环境、净化空气。

（3）加强通风：快速流动的空气可以带走猪体散发的热量，还能将舍内的热量带出舍外。猪舍内可以采用机械通风，如安装吊扇、排风扇、鼓风机等。

（4）蒸发降温：冷却水喷洒于空气、物体或猪体表面，蒸发降温效果受空气湿度制约，因此，蒸发降温必须和通风相结合。

①喷雾降温：用高压水泵喷雾（直径小于 100 μm），以降低舍温。当舍温上升到所设定的最高温度时，喷雾 1.5~2.5 分钟，然后间歇 10~20 分钟再次喷雾。喷雾降温效果好、投资少，在水箱中添加消毒药物，还可对畜禽舍进行消毒，但要加强猪舍通风，以防湿度过大。

②喷淋降温：在猪舍上方安装喷头或钻孔水管，定时或不定时给肉猪淋浴。水温低时可以吸收热量，达到降温的目的。与喷雾不同，喷淋降温系统

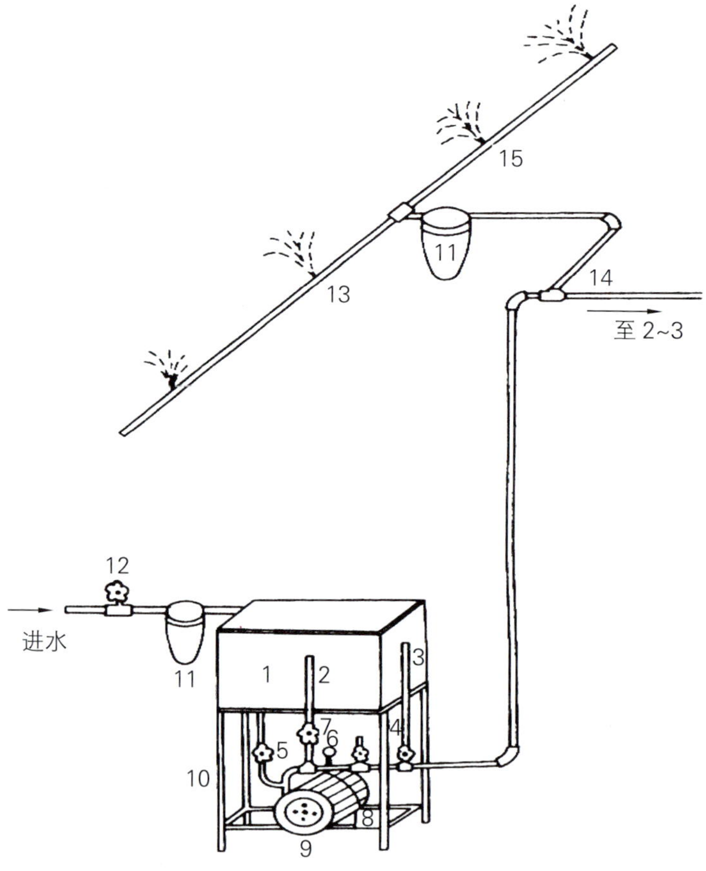

喷雾降温设备

1. 水箱；2. 回水管；3. 溢水管；4. 出水阀；5. 阀门；6. 压力表；7. 压力阀；8. 电动机；9. 水泵；10. 水箱架；11. 过滤器；12. 进水阀；13. 喷头；14. 水管；15. 喷管

不需要较高的压力，可直接将降温喷头连接自来水系统，成本较低。喷淋在猪体表面的水一般1小时即能蒸发掉，因此，喷淋应间歇进行，每隔45~60分钟喷淋2分钟，可采用时间继电器控制。喷淋系统不能装在猪只躺卧区和采食区，以保持干燥，同时喷淋降温也需要与通风相结合。

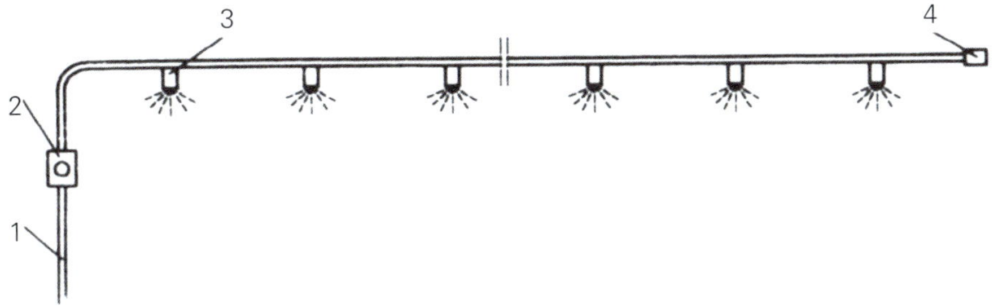

喷淋降温设备

1. 水管；2. 电磁阀；3. 降温喷头；4. 管堵

（5）湿帘风机降温：一般湿帘风机降温系统由纸质波纹多孔湿帘、轴流风机、水循环系统及控制装置组成。系统工作时，水泵通过上水管将水箱中的水送至喷水管中，喷水孔把水喷向反水板，流下的水再经过特制的疏水湿帘均匀地淋湿整个降温湿帘墙，保证与空气接触的湿帘表面完全湿透，剩余的水经集水槽和回水管又流回到水箱中。安装在猪舍另一端的轴流风机向外排风，使舍内形成负压，舍外热空气通过湿帘变得湿润蒸发。湿帘风机降温系统可使舍温降低5~8℃。

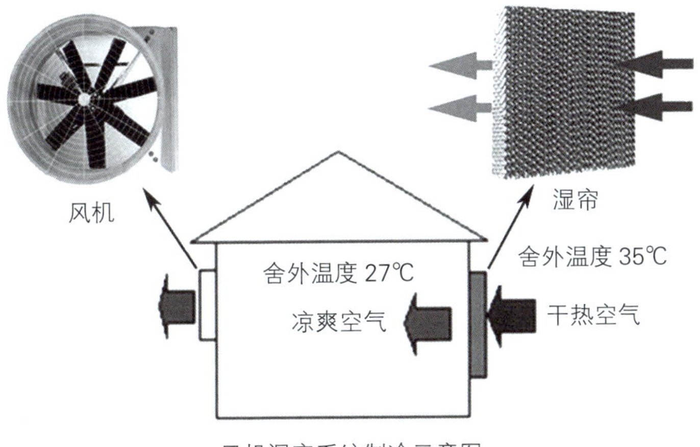

风机湿帘系统制冷示意图

湿帘要安装在迎着夏季主导风向的墙面上，以加快气流速度，提高蒸发降温效果。在布置湿帘时，尽量减少通风死角，确保舍内通风均匀、温度一致。

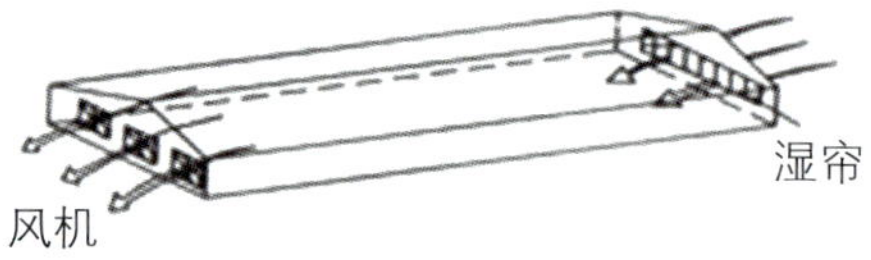

布置方式一

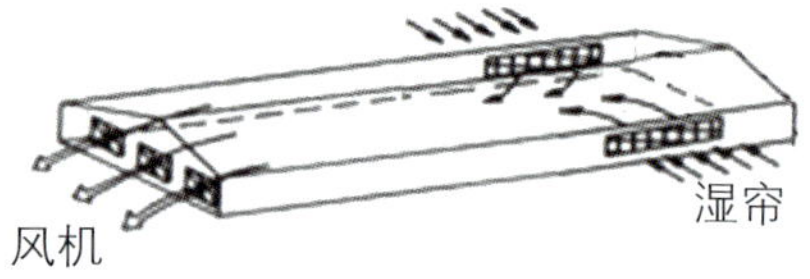

布置方式二

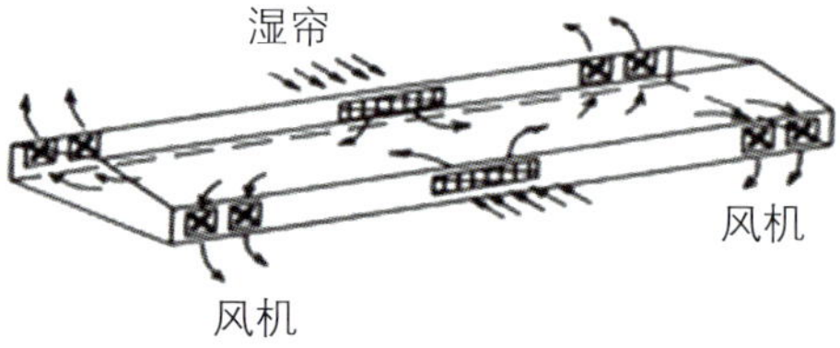

布置方式三

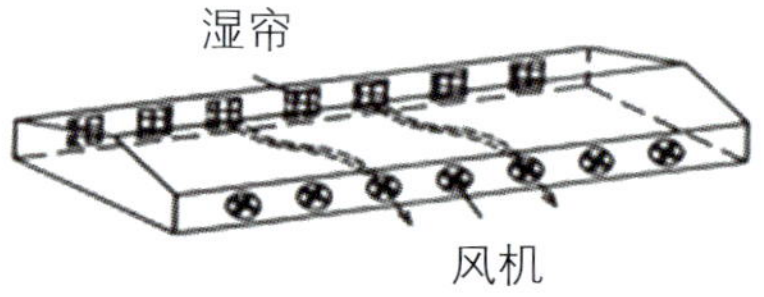

布置方式四

湿帘与风机布置方式

（6）冷气机降温：蒸发式冷气机是将湿帘与风机整合在一起，通过水分蒸发使空气降温，将凉爽的空气送出。蒸发式冷气机具有结构简单、造价较低、易于安装与维护等优点，应用越来越广泛。冷气机有挂墙安装、窗户安装、屋顶安装、落地安装等方式。

挂墙安装

窗户安装

屋顶安装

落地安装

冷气机安装方式

（7）防止猪中暑：

①适当降低饲养密度：高温时降低肉猪饲养密度，有利于猪体散热和降低环境温度。

②供给充足饮水：饮水不足，猪的耐热性能会下降。饮用冷水可吸收猪体热量，还可增加肉猪采食量。

③饲喂时间：在清晨和傍晚凉爽时间饲喂，可提高肉猪采食量。

④适当提高日粮营养浓度：夏季要适当提高日粮营养浓度，在日粮中适量添加动物脂肪或植物油等高能量食物，饲喂蛋白质平衡日粮，在日粮中添加氯化钾、氯化铵、碳酸氢钠等。

3. 猪舍防寒与采暖措施

（1）散热器采暖：热水散热器主要由热水锅炉、管道和散热器三部分组成。猪场常用的散热器一般为铸铁或钢，主要有管型、翼型、柱型和平板型4种。一般散热器布置在窗下或喂饲通道上，可分成多组，每组不超过10片。热水锅炉多采用天然气或猪场自产沼气加热。

（2）地面采暖：地面采暖是将热水管或发热电缆埋设在猪舍地面的混凝土内，热水管或发热电缆下面铺设防潮隔热层，以阻止热量向下传递。采用地面采暖，可节省能源，供热均匀，保持地面干燥，防止痢疾等。

①热水锅炉地暖气：采暖热水由热水锅炉供应，可在每个舍内安装一台热水加热器。

②空气能地暖：将空气经压缩机压缩，产生高温热能，将水温加热到35~50℃，在热水管道内循环流动，加热猪舍地面。空气能热泵，耗电量只

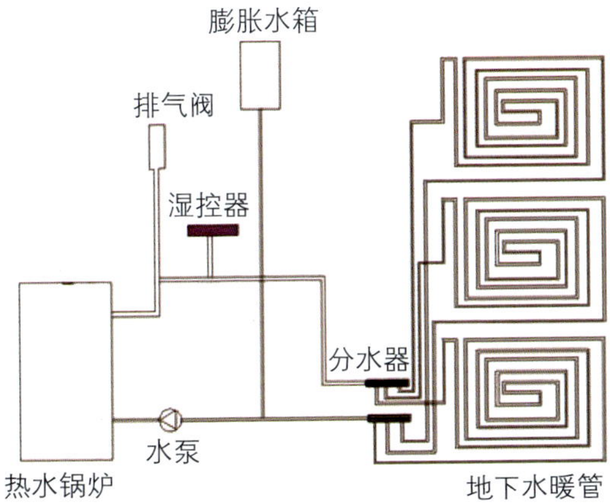

热水管地面采暖示意图

为电采暖的1/3，是节能环保的采暖措施，在猪场中应用越来越多。

③电地暖：在猪舍地面下埋设柔韧的加热暖线，由精密的电子恒温控制器控制温度，来加热地表面。电地暖是直接将电能转换为热能，能效比不高，运行开支较大。

（3）热风采暖：热风采暖是利用热源将空气加热到要求的温度，再通过管道送入猪舍内。热风采暖设备投资低，可与冬季通风相结合，在为猪舍提供热量的同时，也提供了新鲜空气，降低了能源消耗；热风进入猪舍可以显著降低舍内空气相对湿度，减少有害气体含量；同时，便于实现自动控制。暖风系统包括燃烧系统和风机两大部分，目前燃烧系统主要通过燃烧燃油或天然气产生热量，再由风机吹出。

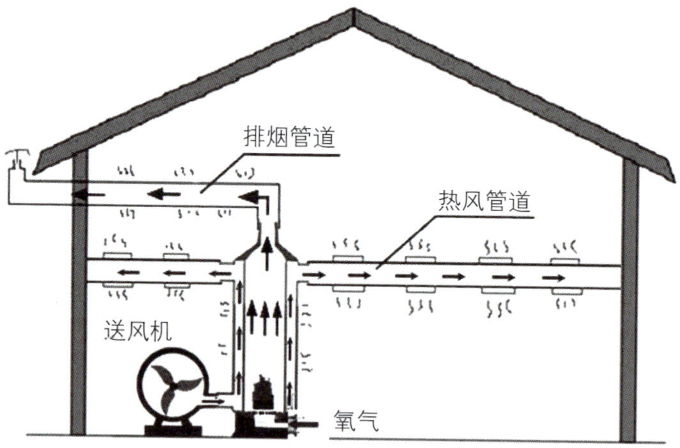

热风炉工作示意图

（4）加强冬季饲养管理：

①适当增加饲养密度：适当加大肉猪饲养密度，相当于增加热源，可提高舍温，是一项行之有效的辅助性防寒措施。

②铺垫草或木板：铺垫草可保温吸湿，铺木板隔热性好，可以减少猪体热量散失。

③保持猪舍干燥：水的导热系数为空气的25倍，潮湿的空气、地面、墙壁会降低猪舍保温性能，所以冬季要保持猪舍干燥。

④猪舍入冬前维修与保养：猪舍封门、封窗、设挡风障、粉刷、抹墙等，堵塞所有缝隙，防止冷风进入，提高猪舍防寒保温性能。

⑤科学配制日粮：提供营养平衡的日粮，满足肉猪御寒和生产需要。提高日粮能量水平，增加脂肪或碳水化合物；在日粮中添加维生素 C 可促进肾上腺素和去甲肾上腺素合成，添加胆碱、色氨酸和酪氨酸可增强神经内分泌机能，从而提高肉猪抗寒力。

另外，杜绝喂给猪冰冻饲料和冰水。

4. 舍温测定

（1）玻璃液体温度计：常用的温度计液体为水银或酒精，又称水银温度计或酒精温度计。温度计垂直或水平放置在测定地点，5~10分钟后读数，读数时视线与温度计标尺垂直，水银温度计按凸出弯月面最高点读数，酒精温度计按凹月面的最低点读数。读数时快速准确，先读小数值，后读整数值。

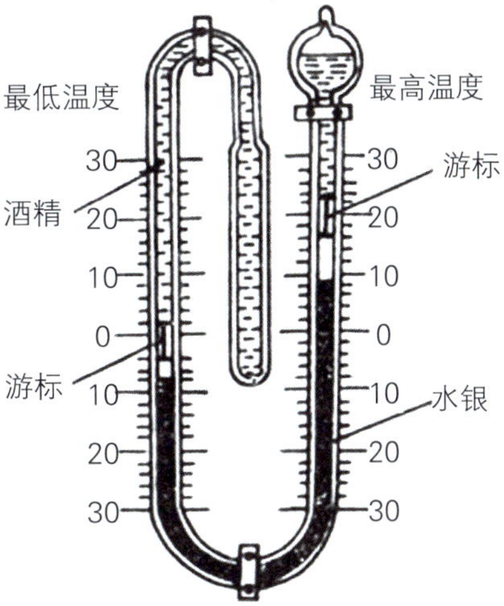

最高、最低温度表

（2）最高、最低温度计：测定舍温前，用磁铁将两个铁指针吸引到与水银面相接处。垂直悬挂于测定地点，过一段时间读数，看指针下端的指数。测温后，用磁铁将指针吸引回到水银面上。

三、猪舍湿度调控

猪舍内湿度过大，会加大高温与低温对肉猪的影响，也为病原微生物的繁殖创造了条件，猪易患传染性疾病；高温高湿还有利于饲料和垫草霉菌的繁殖。

1. 猪舍建筑防潮

（1）合理选择场址，猪舍应建在地势高燥、地下水位较低、排水畅通的地方。

（2）猪舍的墙基和地面设置防潮层，以防止土壤中水分沿墙和地面上升。

（3）待新建猪舍充分干燥后再使用。

2. 日常防潮管理

（1）尽量减少舍内用水，冬季避免冲刷地面。

（2）及时清除舍内粪便和污湿垫草，以降低水分的蒸发量。

（3）保证舍内排水畅通，防止饮水器漏水。

（4）冬季保证舍温在露点温度以上，防止天棚、墙壁水汽凝结。

（5）保持舍内通风良好，排出舍内过多的水汽。

（6）实体地面猪舍，训练肉猪定点排粪排尿。

（7）猪舍铺垫草可以吸收大量水分，防止舍内潮湿，但要及时更换。

3. 湿度的测定

一般使用干湿球温、湿度计，可以同时测得气温和气湿。干湿球温湿度计由两支相同的 50℃普通温度表组成，其中一支用于测定气温，称干球温度计。另一支的球部用蒸馏水浸湿的纱布包住，纱布下端浸入蒸馏水中，称湿球温度计。

使用时，先在湿球的水杯中注入 1/3~1/2 清洁水，再将沙布浸于水杯中，悬挂于测定地点 15~30 分钟后读数。如干球 25℃、湿球 23℃时，温差 2℃的纵栏与干球 25℃之横栏交叉处的 82，即表示相对湿度为 82%。

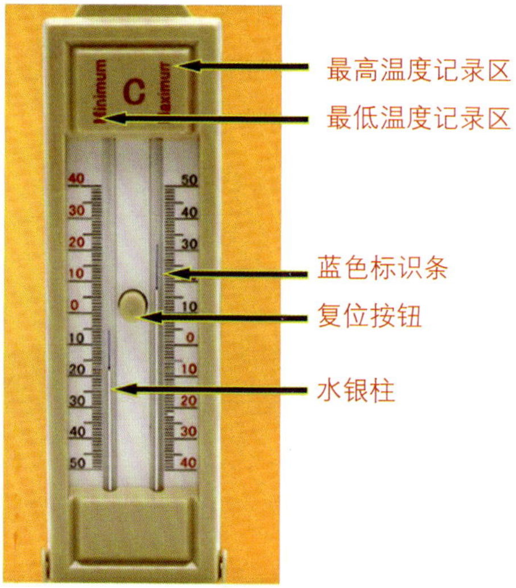

干湿球温度计

四、猪舍气流调控

气流能直接影响舍内的温度、湿度和空气质量。夏季通风，能促进猪体散热，缓和高温的不良影响；冬季密闭猪舍换气，能防止舍内潮湿，提高空气质量。

1. 通风换气量确定

猪舍通风换气量可依据通风换气参数确定。

肉猪舍换气参数 m^3/(小时·头)

体重（kg）	冬季		夏季
	最低	正常	
18~45	4.2	18	78
45~68	4.2	24	120
68~91	5.4	30	138

根据肉猪通风换气参数与饲养规模，计算猪舍通风换气量。

$$L = 1.1 \times K \times m$$

式中，L 为猪舍通风换气量（m^3/ 小时）；K 为通风换气参数 m^3/（小时 · 头）；m 为肉猪数量（头）；1.1：通风总量损失为 10%。

猪舍采用自然通风系统时，应以最小通风量（即冬季通风量）为依据确定通风口面积，尽可能少地带走热量；采用机械通风时，必须根据最大通风量（即夏季通风量）确定总的风机风量，以尽可能多地排除热量和水汽。

2. 自然通风

猪舍自然通风设施主要是窗户和排气管。窗户面积多是猪舍面积的 1/10~1/8，一般夏季开窗即可满足自然通风的要求。冬季为了猪舍保温，应将窗户关闭，主要通过排风管通风。排风管高度不低于 4 m，顶端至少要高于舍顶 0.6 m 以上，顶端上部要安装风帽。排风管暴露在舍外的管壁要敷设保温材料，以保持排风管与舍外有较高的温差，从而提高排风能力。一般排风管横截面为圆形或正方形，空气阻力最小。方形排风管的边长应大于 0.6 m，圆形排风管的直径应大于 0.5 m。根据猪舍跨度，可以每个开间设置 1 个排风管或两个开间共用 1 个排风管。现在猪场多用无动力风机代替排风管。

无动力风机

3. 机械通风

机械通风也称强制通风，是依靠风机强制舍内外进行气体交换。猪舍使用轴流式风机进行负压通风，使用离心式风机进行正压通风。轴流式风机压力小，噪声较低，通风流量大，节能效果显著。与风机配套的百叶窗，可以进行机械传动开闭。猪舍风机型号较多，9FJ-140 型风机叶轮直径为 1 400 mm，风量大于 50 000 m^3/ 小时。如 4-72-5 型离心风机，转速 2 900 r/ 分钟，流量 7 500~15 000 m^3/ 小时。

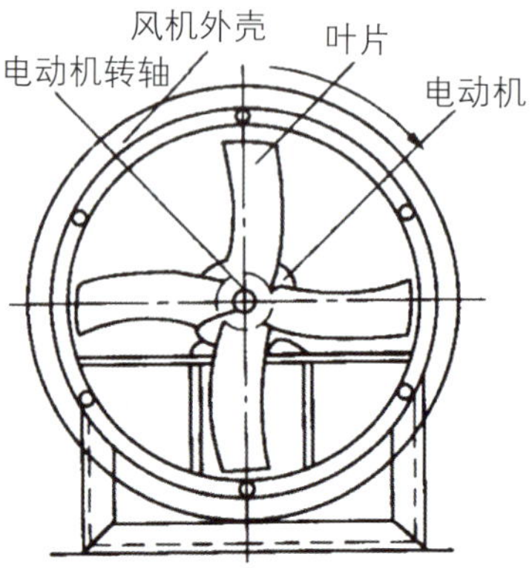

轴流风机示意图

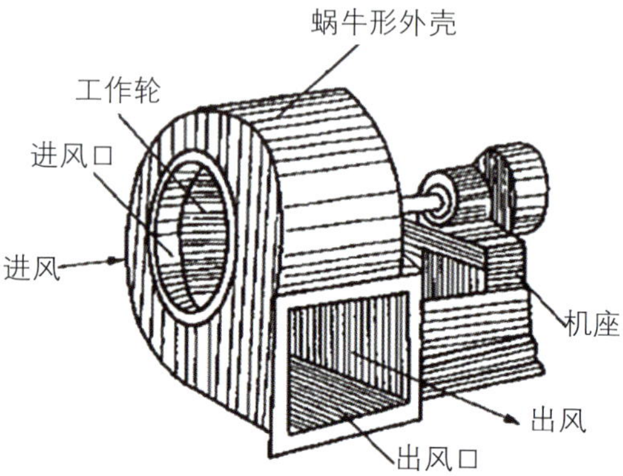

离心风机示意图

安装风机时不能离门太近，进风口和排风口要有一定距离，防止通风短路；猪舍内不宜安装高速风机，避免产生较大的噪音。风机外侧安装防尘罩，里侧安装安全罩，定期清洁除尘，加润滑剂，冬季防止结冰。

猪舍机械通风可由人工控制或自动控制。自动控制是利用恒温器控制风机的开启调节通风量，能达到较为理想的控温效果。

五、猪舍光照调控

1. 自然采光调控

通过合理设计采光窗的位置、形状、数量和面积，保证猪舍的自然光照，尽量使光照分布均匀。

猪舍采光面积越大效果越好，但会导致夏季舍内太阳辐射热增加，冬季散热加快。窗口面积可根据采光系数（窗地比）计算，即窗户的有效采光面积与舍内地面面积之比。采光系数越大，采光量就越多，一般猪舍采光系数为 1 ∶ 12~1 ∶ 15。先确定南北窗面积比例，山东省南北窗面积之比一般为

2 ： 1~4 ： 1。为使采光均匀，一般窗宽度为 0.9~1.8 m，窗间墙体宽度为 0.6~1.2 m。根据南北窗面积之比和窗间墙体宽度，计算窗的数量。

2. 人工照明调控

人工照明主要采用白炽灯、荧光灯等。荧光灯具有节约电能、光线柔和的优点，但有设备投资较大、温度过低时不易启亮等缺点。自然采光猪舍一般安装白炽灯，无窗猪舍一般安装荧光灯。猪舍所需光源总瓦数可以用公式计算：光源总瓦数 =（猪舍适宜照度 ÷1 m^2 地面设 1 W 光源提供的光照度）× 猪舍总面积。

猪舍光照标准和 1 m^2 地面设 1 W 光源提供的光照度

项目	荧光灯	白炽灯
照度（Lux）	50	20
1 W 光源可提供的照度（Lux）	12.0~17.0	3.5~5.0
光照时间（小时）	8~12	8~12

猪舍灯具的行距和灯距为 3 m，不同行灯具应交叉排列，靠墙灯具与墙的距离为灯具间距的一半。为使舍内的光照度均匀，应适当降低每盏灯具的瓦数，增加舍内的总装灯数。为工作方便，一般猪舍灯具的高度为 2.0~2.4 m。使用反光灯罩可使光照度增加 50%，以直径 25~30 cm 的伞形反光灯罩为宜。生产中要定期擦拭灯具和反光灯罩，保持清洁。

猪舍安装光照自动控制器，自动调整光照度和光照时间。自然采光猪舍、光强度不足时，可自动启动补充光照系统。

六、其他

1. 猪舍有害气体调控

（1）合理设计排污系统：猪舍地面和排污沟要有一定坡度，材料不渗水，以保证粪尿能及时流出。采用漏逢地面，减少猪与粪污接触，保持猪体清洁。有条件的可使用生物发酵床，可有效减少有害气体含量。贮粪池应远离猪舍，保证换气时进入猪舍的空气清新。

（2）加强猪舍防潮设计：猪舍中湿度过大，有机物易腐败变质而产生有害气体，有害气体溶于水而不易排除。为了降低猪舍内湿度，猪舍的地基、地下墙体、外墙勒脚、地面应设防潮面层。

（3）加强保温与通风设计：做好猪舍屋顶及墙壁的保温设计并安装采暖设施，如果猪舍的保温性能不好，当低于露点温度时，水汽容易凝结于墙壁与屋顶上，溶解有害气体。同时设计好猪舍通风系统，解决好保温与换气的矛盾，以保证舍内有害气体的排出。

2. 科学配制肉猪日粮

猪舍中的有害气体主要为蛋白质腐败分解而产生，在日粮配制时需降低蛋白质含量，添加必需氨基酸，提高日粮中蛋白质的利用率，减少粪便中氮、磷、硫的含量，减少粪便和肠道臭气的产生。当日粮中粗蛋白含量从 16% 降到 14%，猪舍氨气排放量可降低 30%。合理使用助消化类添加剂，如添加 3% 安息香酸和 15% 菊粉，猪舍氨气排放量可降低 57%。另外，日粮中添加酶制剂、酸化剂（延胡索酸、柠檬酸、乳酸等）、微生态制剂等，有助于提高蛋白质的消化率，维持肠道菌群平衡，减少有害气体的产生和排出。

3. 使用除臭剂

硅酸盐类矿物如膨润土、海泡石、蛭石、硅藻土等，对氨、硫化氢、二氧化碳等有很强的吸附性。在猪舍使用除臭剂，不仅能降低舍内氨气和硫化氢浓度，还能降低空气及粪便的湿度。

4. 加强日常管理

（1）及时清理粪尿：猪粪尿是有害气体的主要来源，增加清粪频率，可避免在舍内分解产生有害气体；训练猪定点排泄，既能减少舍内有害气体的产生，又能降低劳动强度。

（2）防止畜禽舍潮湿：及时清理粪尿和污水，尽可能减少作业用水。当舍内湿度过大时，氨和硫化氢被吸附在墙壁和天棚上，当舍温升高时有害气体挥发出来，污染环境。

（3）使用垫料或吸附剂：在舍内地面铺以垫料，可吸收一定量的有害气体；在粪尿上洒过磷酸钙，能吸附猪舍内的氨气，生成铵盐。

另外，建立合理的通风换气制度，是减少舍内有害气体的有效措施。

5. 猪舍中的微粒控制

猪舍内空气中微粒含量，可用每立方米空气中所含微粒的质量表示，单

位为 mg/m^3。猪舍可吸入颗粒物（PM10）应低于 1 mg/m^3，总悬浮颗粒物（TSP）应低于 3 mg/m^3。

（1）做好猪场规划布局：猪场要远离产生微粒较多的水泥厂、磷肥厂等；猪场四周种植防护林带，减小风力，隔离外界尘埃；搞好猪场的绿化，路旁种草、植树，尽量减少裸地面积，以减少微粒的产生；饲料加工车间、粉料和草料堆放场所应与猪舍保持一定距离，并设防尘设施。

（2）加强日常管理：分发饲料、清扫地面时，动作要轻；减少干粉料饲喂，改用颗粒饲料或者拌湿饲喂；采用机械通风时，可在进风口蒙一层纱布，先滤去部分灰尘。

6. 猪舍噪声控制

噪声不但会影响猪群休息与睡眠，还能导致应激，猪舍内噪声应小于 80 dB。

建设猪场时应选好厂址，尽量避开工矿企业、交通运输线，避免外界干扰。场内规划合理，车库、设备维护、饲料加工和生活设施等场所远离猪舍。猪舍周围种植树木，吸收噪声。猪舍内选择性能优良、噪声小的机械设备。饲养人员在猪舍内要活动轻盈，避免发出较大噪声。

第二章 养好猪的必要条件

一、选好猪种

全世界范围内有超过 400 个猪种，其中，中国拥有地方猪品种 76 个，为各国之首。我国还引进了不少外来猪品种和配套系，本地猪种与引进猪种杂交，培育了新品种和配套系。

1. 我国地方猪种

据 2012 年出版的《中国畜禽遗传资源志·猪志》统计，我国有各类地方品猪品种 76 个，分为华北型、华南型、江海型、西南型、华中型、高原型。

我国地方猪种

类型	分布区域	代表猪种	特点
华北型	主要分布于淮河、秦岭以北。	东北民猪、西北八眉猪、河北深县猪、山东莱芜猪、沂蒙黑猪、里岔黑猪、河南淮南猪、安徽定远猪、内蒙古河套大耳猪等。	全身被毛黑色，嘴长，面直，耳大下垂，头纹纵行，体躯长扁，体质坚强，鬃长毛密，耐粗放饲养，适应性强；繁殖力高，一般产仔 12 头以上；较晚熟，生长慢，肉质鲜嫩、红润，肌内脂肪含量高，味香浓。
江海型	主要分布于南岭与珠江流域以南，包括云南省的西南和南部边缘地区、广东、广西、福建、海南和台湾省等地。	两广小花猪、香猪、滇南小耳猪、海南猪、粤东黑猪、槐猪、台湾猪等。	该种类型猪的特点：个体较小，嘴短，面凹，耳小竖立，头纹横行，毛色黑白相间。体躯短矮宽圆，腹大下垂，腿臀较丰圆，皮薄毛稀，鬃毛短少，体质疏松。性成熟早，3~4 月龄即可发情，6 月龄 30 kg 左右即行配种，每胎产仔 8~10 头，繁殖力远低于华北型猪；早熟易肥，皮薄脂肪多，屠宰率较高，肉质细嫩。

（续表）

类型	分布区域	代表猪种	特点
华中型	主要分布于长江中下游沿岸、东南沿海地区和台湾省西部的沿海平原。	太湖猪、虹桥猪、姜曲海猪、阳新猪等。	该猪外形和生产性能差异较大，毛黑色或有少量白斑，头中等大小，耳长大下垂，背腰宽、平直或稍凹陷。积累脂肪能力强，增重快。繁殖力高，性成熟早，母猪发情明显，一般 4~5 月龄即可配种受胎，受胎率高。乳头 8 对以上，经产母猪产仔 13 头以上，甚至 20 头以上。以太湖猪平均窝产活仔超过 14 头。
华南型	主要分布于四川盆地、云贵大部分地区和湘、鄂的西部地区。	荣昌猪、关岭猪、乌金猪、内江猪、湖川山地猪、成华猪、雅南猪等。	头较大，颈部多有旋毛或横行皱纹，腿较短而粗，毛色全黑或黑白花。背腰宽、凹陷，腹大略有下垂，背膘较厚。中等繁殖力，性成熟较早，有些母猪 90 日龄就能配种受胎。乳头数为 6~7 对，产仔数为 8~10 头，猪初生体重小，平均 0.6 kg。
西南型	主要分布于长江中下游和珠江之间的广大地区。	浙江金华猪、华中两头乌猪、湖南宁乡猪、湘西黑猪、赣中南花猪、福州猪、大围子猪等。	猪体形与华南型相似，但较华南型猪大，背腰较宽，多下凹，腹大下垂，皮薄毛稀，嘴短面凹，耳朵中等大小、下垂。生长较快，成熟较早，肉质细嫩。一般产仔 10~12 头，乳头 6~7 对。
高原型	主要分布于海拔 3 000 m 以上地区，包括西藏、青海、甘肃和四川西部及云南地区。	青藏高原的藏猪、甘肃的合作猪。	体躯较小，结实紧凑，四肢发达，蹄坚实而小，嘴尖长而直，鬃长毛密，善于奔走，行动敏捷。抗寒力强，耐粗饲，但生长缓慢，一年可长到 20~30 kg；2~3 年长到 35~40 kg，屠宰前舍饲 2 个月可达 50 kg，肉质鲜美多汁。鬃毛产量高（每猪 0.25 kg）、质量好（长度 12~18 cm）。繁殖力不高，乳头以 5 对居多，每胎产仔 5~6 头。

东北民猪

两广小花猪

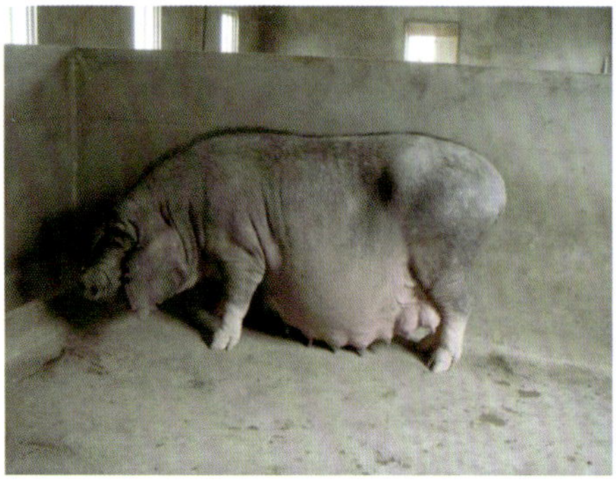

太湖猪

荣昌猪

金华猪

藏猪

（引自《中国畜禽遗传资源志（猪志）》，2011 年，中国农业出版社）。

2. 引进猪种

我国引进的世界著名五大猪种为杜洛克、大白、长白、汉普夏和皮特兰，还有 PIC、海波尔（Hypor）、托佩克（Topigs）等。

杜洛克

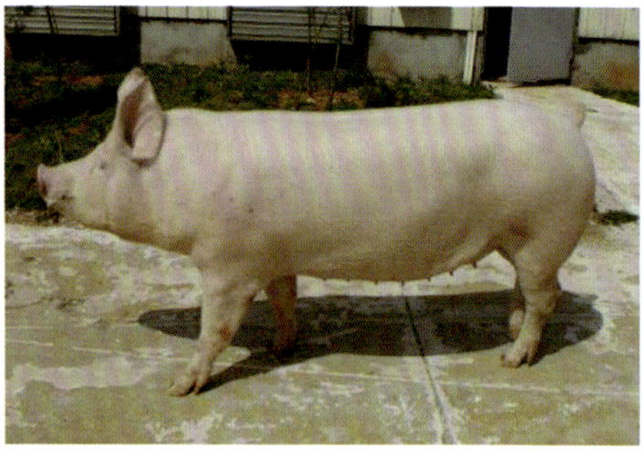

大约克

长白

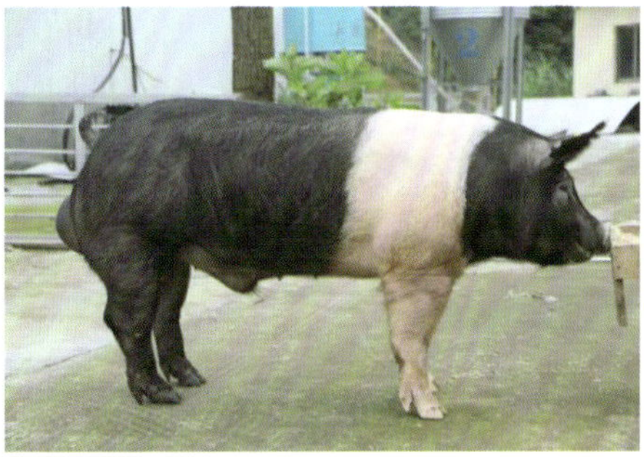

汉普夏

皮特兰

（1）生长速度快，饲料报酬高：在我国常规饲养条件下，引进猪种测定期内（30~100 kg）平均日增重达 760 g 以上，生长育肥期肉料比在 1 ∶ 2.32 以下。

（2）胴体瘦肉率高，屠宰率高：引进猪种瘦肉率都很高。按照我国种猪性能测定规程进行屠宰测定，大白猪、长白猪、杜洛克猪的胴体瘦肉率都在 65% 以上，皮特兰猪瘦肉率可高达 70%，瘦肉产量高。背膘普遍较薄，一般厚度小于 2 cm，体格较大，产肉量大。

（3）繁殖性能有待进一步改良：引进猪种繁殖性能一般，大白猪、长白猪平均产仔在 12~13 头。杜洛克猪和皮特兰猪平均产仔在 9 头，但仔猪初生重大。引进猪种发情征状不明显，配种时间不易掌握，因不发情、屡配不孕、产仔少或头胎猪断奶后不发情等原因引起的淘汰率较高。引进猪种在泌乳力、护仔性等方面不如我国地方猪种强，但是近年来，引进猪种的繁殖性能已得到很大改善。

（4）肉质欠佳，抗逆性较差：一般引进猪种肌肉纤维较粗，肌内脂肪含量较低，如大白猪、长白猪肌内脂肪只有 1%~1.5%，杜洛克猪也只有

2%~3%。肌肉的口感、嫩度、风味都比我国地方猪种差很多。另外，有的引进猪种 PSE 肉（苍白、松软、渗水）和 DFD 肉（暗红色、质地坚硬、表面干燥）发生率较高。尤其是皮特兰猪的 PSE 肉发生率高，汉普夏猪酸肉发生率较高。引进猪种对饲养条件要求较高，营养供应必须充足，对高温、高湿、寒冷等恶劣环境条件抵抗力差，抗病力也较弱，相对容易感染疫病。

二、给猪提供适宜的饲养环境

饲养环境对肉猪生产性能和养殖效益有较大影响，主要指肉猪舍的温度、湿度、光照、有害气体含量等。

1. 温度

温度对肉猪的生长速度、饲料转化率及健康都有很大影响。在高温环境中猪的采食量降低，为散热维持需要量增加，生长速度和饲料转化率降低；在低温环境中，猪的采食量增加，机体散热量增加，维持需要量也明显增大，猪的生长速度和饲料转化率下降。所以，保持猪舍适宜温度是养好猪的关键。

随着猪体重的增加，最适温度逐渐下降。20~40 kg 猪适宜温度为 24~27℃，40~60 kg 猪适宜温度为 21~24℃，60~90 kg 猪适宜温度为 18~21℃，90 kg 以上猪适宜温度为 15~18℃。

2. 湿度

湿度对肉猪的影响远远小于温度。温度适宜时，相对湿度 45%~90% 对猪的采食量、生长速度和饲料转化率没有明显影响。对猪影响较大的是低温高湿和高温高湿。低温高湿，会增加猪体热的散失；高温高湿，会影响猪只体表的蒸发散热，阻碍猪的体热平衡调节，加剧高温所造成的危害。空气湿度过大时，还会促进微生物的繁殖，引起饲料、垫草霉变。但空气相对湿度低于 40% 也不利，易引起皮肤和外露黏膜干裂，增加呼吸道和皮肤疾病发生几率。养殖肉猪适宜的环境相对湿度为 50%~75%。

3. 光照

一般光照对肉猪的生产性能影响不大。然而适宜的阳光照射，对猪舍的杀菌、消毒，提高猪只的免疫力、抗病力，预防佝偻病都有好处。但光照不要太强，否则，会影响猪的休息和睡眠，甚至导致咬尾。一般建议肉猪舍的光照强度为 40~50 Lux，光照时间为 8~10 小时。

4. 通风

在猪肥育前修缮圈舍，防止“贼风”侵袭；维修猪舍的通风换气设施，确保有效通风量。猪舍以纵向自然通风为宜，辅以机械通风。在自然通风时，猪舍应留有进风孔和出风孔。

5. 有害气体

猪舍有害气体包括氨气、硫化氢和二氧化碳，会降低猪体的抵抗力，增加猪体染病的机会，特别是皮肤病和呼吸道疾病。一般猪舍内氨气≤ 0.003%，硫化氢≤ 0.001%，二氧化碳≤ 0.15%。饲养员刚进入猪舍时不能有明显的氨气和硫化氢气味，更不能感到刺眼刺鼻。

6. 噪声

噪声会导致猪群发生应激，一般猪舍内噪声 <80 dB。因此，猪舍内要尽量保持安静，生产区内严禁机动车通行和操作大噪声机械。

7. 圈舍清洁卫生

猪舍要勤打扫、勤冲刷、勤通风，保持舍内无粪尿、清洁干燥。减少舍内有害气体和粉尘量。

对肉猪舍定期进行消毒，减少猪舍内病原微生物量。消毒每周一次，选用对猪的皮肤和黏膜刺激性较小的消毒剂（如季胺盐类）和高压喷雾消毒器械，特别要重视对墙壁、门窗和天花板的消毒。

三、分阶段饲养

肉猪不同生长阶段的饲养标准有所不同，饲养标准是根据猪的不同品种、性别、体重、生产水平等确定的。猪在不同生长阶段对营养的需求有所不同，需要进行科学化养殖，防止出现营养不足、营养过剩等问题。

1. 哺乳阶段

仔猪出生至断乳阶段，一般为 3~5 周。哺乳期仔猪容易受到环境影响而生病，甚至死亡。加强哺乳期仔猪的饲养管理，是提高仔猪成活率和养猪效益的关键环节。

2. 保育阶段

仔猪断奶至保育结束阶段，通常为 5 周。仔猪断奶后容易掉膘，体质虚弱，发病率增加，饲养管理不当容易形成僵猪，甚至死亡。搞好断乳后仔猪的饲养管理十分关键。

3. 生长肥育阶段

仔猪保育结束进入生长舍饲养，直至出栏，一般为 7 周（70~180 日龄）。此阶段应加强营养供给，提供充足洁净的饮水，搞好舍内外的环境卫生和疫病防治工作，保证猪只充分生长发育，以取得最佳养殖效益。

哺乳仔猪

保育猪

育肥猪

第三章
进猪前的准备工作

一、合理的饲养密度

按照猪舍的大小、栏舍数量，设计合理的饲养密度，规划养猪数量。注意在计算猪舍饲养密度时，要除去病猪栏或空栏。

不同公司建议的猪饲养密度如下。

环山集团推荐的猪饲养密度

阶段	饲养密度 m²/ 头（全漏缝地板）	饲养密度 m²/ 头（半漏缝地板）	饲养密度 m²/ 头（实心地板）
6~30 kg	0.3~0.4	0.3~0.5	0.4~0.6
30~90 kg	0.7~0.9	0.8~1.0	0.9~1.2
90 kg 以上	1.1~1.3	1.2~1.5	1.4~1.8

PIC 推荐的猪饲养密度

体重	22.7 kg	22.7~34 kg	34~120 kg	＞ 120 kg
PIC 种公猪	0.26 m²	0.34 m²	0.68 m²	0.8 m²

卡美推荐的猪饲养密度

体重（kg）	建议（m²/ 猪）	体重（kg）	建议（m²/ 猪）
＜ 10	0.15	30~50	0.40
10~20	0.20	50~85	0.65
20~30	0.30	85~110	0.75~1.00

二、安置探头

1. 温、湿度探头

温、湿度探头安装在条板地面上方 1.8~2.1 m 高处，避开取暖和降温气流。

2. 二氧化碳和 NH3 监控探头

根据猪舍的布局情况，空气质量检测探头安放在猪舍中部，离地面 30~60 cm 处，若是地沟风机，安放在地沟中部上沿。

三、检修水线

1. 水线设备检查

进猪前一天检查水线和水嘴的情况，及时发现漏水和损坏的水嘴，并更换维修。

2. 水流速度检查

饮水设备要求

阶段	水速（L/ 分钟）	乳头饮水器高度（cm）	水碗下沿高度（cm）
6~30 kg	0.8~1	20~40	10~20
30 kg 以上	1~1.5	40~70	20~30

3. 水质安全

为猪只提供安全清洁的饮用水，如若水质条件不达标，可采用氯化物消毒。

4. 饮水管理

如何评估饮水是否符合要求。

（1）是否会有猪总是占据饮水位置。

（2）水嘴是否会有猪拱玩而改变方向，造成饮水不便。

（3）是否有猪消瘦脱水。

（4）记录每栋猪舍每日总饮水量，评估饮水量与疾病、浪费问题。

四、猪舍消毒

1. 舍内设备检查

（1）检查料线，调整下料管 / 料盒。

（2）检查风机、温控系统。

（3）检查通风系统、通风小窗和通风管道。

（4）检查供水系统。

（5）检查舍内供暖系统。

（6）检查降温系统，如设备、湿帘等。

2. 消毒准备

（1）关闭料线、电源，保护好舍内电子设备，封闭猪舍。

（2）将舍内生产所需物资、器械一并转移到舍内，准备消毒或者熏蒸。

（3）做好消毒人员防护，拟定消毒方式。

3. 消毒程序

（1）猪舍进猪前用消毒液喷雾消毒，保持湿润 2~5 小时，用清水高压冲洗干净，晾干。

（2）封闭猪舍所有的门窗（包括天窗），用甲醛熏蒸消毒，把配电箱等设备门打开。

（3）猪圈周围及走道必须用 2%~3% 火碱消毒，每栋猪舍门口放置一个脚浴盆，内放 2%~3% 火碱水。

进猪前一天准备好卸猪板和卸猪架，清洗消毒，晾干；对舍内外的赶猪道进行一次全面消毒；对参与卸猪的员工分组，换上干净的工作服、鞋等；

对运猪的车辆严格消毒 2 次，特别是轮胎、挡泥板等位置。及时卸猪，尽可能减少猪的应激。对卸猪台、大门外、路面及院内用 2%~3% 火碱消毒一次。卸猪人员更衣洗澡，浸泡工作服、鞋帽等。

五、提前预温

进猪前 12 小时调节舍内温控系统和环境控制系统，提前升温。

根据猪只不同体重调节舍内温度　（单位：℃）

阶段	舍内温度	冷应激临界温度下限	热应激临界温度上限
断奶第 1 周	28~30	25	35
7~15 kg	25~28	21	35
15~30 kg	22~25	17	34
30~60 Kg	20~22	16	34
60~90 kg	20~22	13	34
90 kg 以上	18~22	13	34

六、准备好饲料

1. 制定分栏计划

根据转入猪群数量制定分栏计划，估算 1 周的饲料量和需要护理猪只的特殊饲料量。

2. 制定饲料贮备计划

进猪前贮备好饲料，一般夏季贮备 7 天的饲料量，冬季贮备 15 天的饲料量，保证饲料新鲜。

第四章
养猪全流程

一、妊娠母猪饲养管理

1. 发情鉴定与配种

母猪的发情特征如下：

（1）阴门变化：发情母猪阴门肿胀，按“水铃铛、红桃、桑茎”变化。阴门由白粉变粉红，到深红、紫红色；由肿胀到微缩、皱缩。

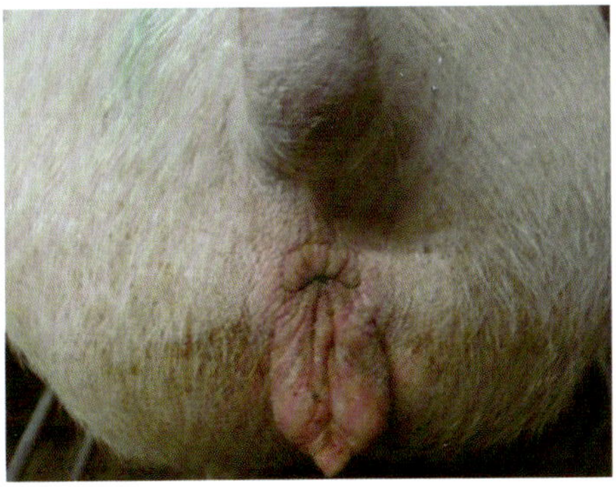

发情前期阴门

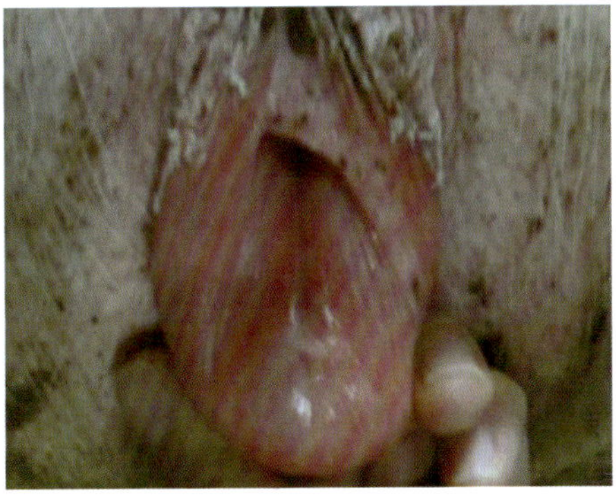

发情期阴门

（2）阴门内液体：母猪发情后，阴门内常流出一些黏液。初期液体似尿，清亮；中期加深为乳白色，有一定黏度；后期黏液略带黄色，似小孩鼻涕样。

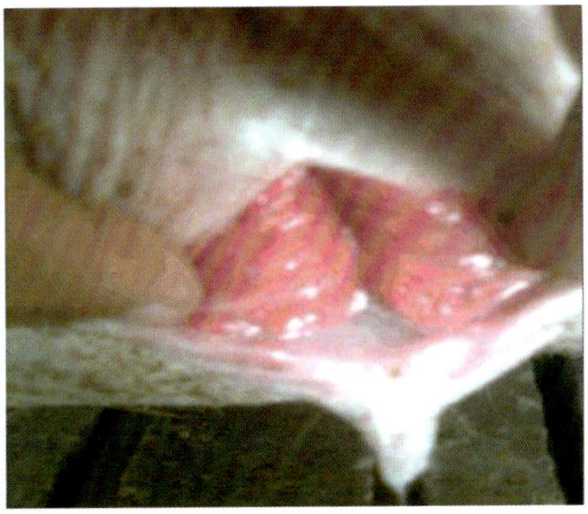

发情期黏液

（3）外观：发情母猪活动频繁，特别是其他猪睡觉时仍站立走动，不安定，喜欢接近人。发情母猪对公猪敏感，公猪路过或接近、叫声、气味都会引起反应，眼发呆，尾翘起、颤抖，头向前倾，颈伸直，耳竖起（直耳品种），推之不动；性欲高时会主动爬跨其他母猪或公猪，引起其他猪惊叫。

接受爬跨

耳朵竖立

2. 发情鉴定时机

（1）吃料时：母猪头向饲槽，尾向后，排列整齐。养殖者很快就可把所有猪查完，并做出准确判断。

（2）睡觉时：猪吃完料开始睡觉，这时不发情的猪很安定，躺卧姿势舒适，反应迟钝；发情猪在有异常声音、人或猪走近时会站起活动，或干脆不睡，经常活动。

发情表现

（3）配种时：公猪会发出多种求偶信号，如声音、气味等。待配母猪也会发出响应信号，这时其他圈舍的发情母猪会出现敏感反应，甚至爬跨其他母猪，区别于其他猪。

3. 适时配种

一般母猪在发情 24 小时后开始持续排卵，排卵量由少到多，逐渐达到高峰，然后又逐渐减少，这是由母猪体内分泌的激素含量决定的。卵子排出后，能保持 8~10 小时的受精能力。在交配后精子要经 2~3 小时游动才能到达输卵管，与卵子结合。所以，过早或过迟配种都会影响母猪受胎率。

母猪是否适宜配种，可依据以下 3 条中的 1 条。

（1）阴门变化：繁殖工作者总结了配种谚语："粉红早，黑紫迟，老红最当时"，这是把握配种时机的依据。阴门颜色粉红、水肿时尚早，紫红色、皱缩明显时过晚。最佳配种时机为深红色水肿稍消退，有稍微皱褶时。

（2）阴户黏液：掰开阴户，用手蘸取黏液，如无黏感太早；如有黏感且为浅白色，可即时配种；如黏液变为黄白色、黏稠时，已过了最佳配种时机，这时多数母猪会拒绝配种。

（3）静立反射：静立反射表示母猪接受公猪的程度，这时按压母猪的几个敏感部位，母猪会有静立不动现象（与接受配种时状态相同）。

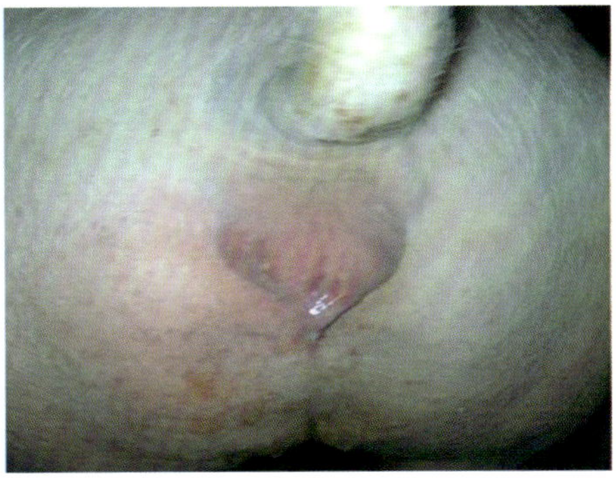

阴门分泌黏液

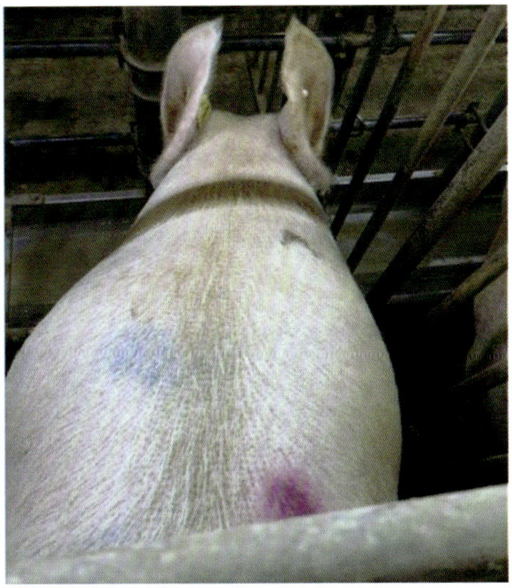

静立反射

配种主要有本交和人工授精两种方法。在生产实践中，相比本交方式，人工授精更具优势。一是可有效提高优秀公猪的利用率，降低公猪的饲养管理费用；二是人工授精所采用的精液都要经过品质鉴定，可提高母猪的受胎率；三是可防止疾病传播，尤其是生殖道疾病；四是精液稀释后易保存和运输，实现了公母猪异地配种，克服了公母猪因体格差异过大而带来的配种困难，有利于良种基因的引入，提高猪群遗传品质。双重配种和重复配种都可采用人工授精法来完成。每次配种精液量为 40~80 ml（内含精子 20 亿 ~40 亿个）。配种前可以先用 0.1% 高锰酸钾溶液冲洗母猪外阴部，再用生理盐水冲洗干净，用少量润滑剂涂抹消毒过的输精管，插入母猪阴部 25 cm 长，直达子宫颈。然后接上装有精液的精液袋或者精液瓶，将精液慢慢输入，整个输精过程 4~10 分钟。配种完毕后，间隔 8~20 小时后可进行第二次人工授精。

4. 妊娠诊断

对配种后的母猪进行早期妊娠诊断。如果诊断未妊娠，注意观察其再次发情，及时补配，以缩短空怀期，提高母猪利用率，提高猪场生产效益。

（1）发情周期诊断：母猪发情周期是19~23天，平均为21天。在正常情况下，母猪妊娠后就不再发情。如果母猪配种后经过3周未再出现发情，即可初步判断母猪已经妊娠。

（2）妊娠症状诊断：母猪妊娠后表现食欲渐增、皮毛光亮、增膘明显、性情温顺、行动稳重、贪睡，尾巴自然下垂，阴户常收缩，驱赶时夹着尾巴走路等现象，表明已妊娠。

（3）超声波诊断：用超声波诊断仪（也可用来测背膘厚与眼肌厚度）诊断妊娠效果良好。母猪妊娠后30~60天，该仪器都能测出。

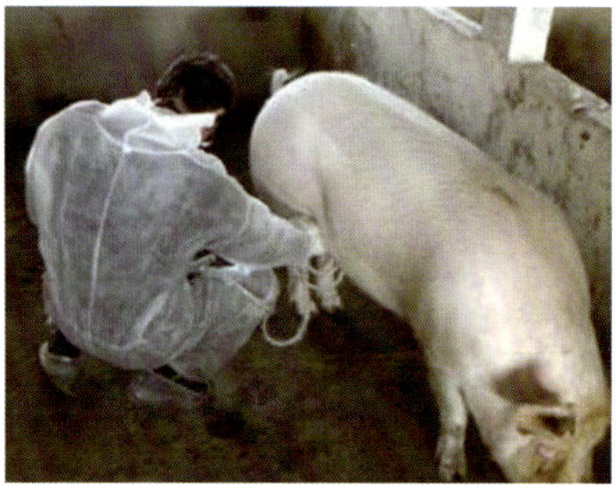

妊娠诊断

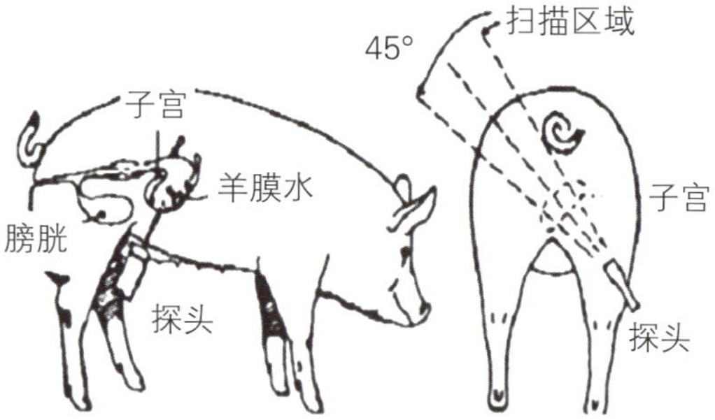

超声波诊断位置示意图

5. 妊娠母猪饲养方式

妊娠母猪的体况应恰到好处，既不能太肥，也不能太瘦。母猪过肥导致生产过程延长、健康仔猪少、死亡率高，产后子宫炎、乳腺炎发病率高。母猪过瘦抵抗力差，仔猪出生体重低，乳汁少，母猪断奶后更瘦，难再发情。要根据妊娠母猪的营养需要、胎儿发育规律，在妊娠不同时期采取不同的饲喂方式。

（1）“抓两头带中间”饲养方式：断乳后体况较瘦的经产母猪需加喂富含蛋白质的饲料，尽快恢复体况。妊娠中期减少营养，后期为满足胎儿迅速增长，应再次提高营养水平，增加精料喂量。

（2）“前粗后精”饲养方式：对配种前膘情好的经产母猪，在妊娠前期饲喂低营养水平饲料，以青粗饲料为主。到妊娠后期胎儿发育加快，饲喂高营养水平的精饲料。

（3）“步步登高”饲养方式：即随着胎儿发育加快，逐步增加营养水平和精料使用量。

（4）“低妊娠，高泌乳”饲养方式：即对妊娠母猪采取限量饲养，控制增重在 20 kg，而在哺乳期则实行充分饲养。妊娠期营养过剩，母猪过肥，腹腔内特别是子宫周围沉积脂肪过多，影响胎儿生长发育，易产死胎或弱仔。

6. 妊娠母猪的管理

（1）提供舒适的环境：妊娠母猪最适宜的环境温度为 16~22℃，湿度为 45%~65%。温度过低或过高都会对母猪造成危害，湿度过大易引起前中期母猪流产和返情。在高温季节要重视防暑降温，减少热应激，最好安排在早晚凉爽时饲喂，给母猪提供最优生长环境。冬春季节气温低，要防寒保暖，防止贼风，预防感冒。同时要求通风良好，保持空气清新。保持猪舍及猪体清洁，特别是妊娠前期母猪的后躯卫生十分重要。在母猪配种前进行一次药物驱虫，经常灭虱。

（2）提供清洁饮水和优质饲料：保证母猪随时饮到清洁的饮水，冬季和早春不要饮用冰冻水，要饮用自来水。将剩料清除、清洗料槽后再加料。早上早喂，晚上多喂，并且定时饲喂，使母猪养成良好的条件反射。更换妊娠母猪饲料时，一般需要经过 5~7 天。不能随意更换饲料，避免应激造成母猪便秘、腹泻，甚至流产。

（3）适当运动：适当运动有利于增强妊娠母猪体质，促进血液循环，加速胎儿发育，又可以避免难产。母猪妊娠第一个月为了恢复体力和膘情，要尽量减少运动，一个月后保证母猪每天运动。在妊娠后期减少运动量，让母猪自由活动，产前 1 周停止驱赶运动。妊娠母猪在妊娠后期适宜单圈饲养，防止相互咬架、挤压而造成死胎和流产。

（4）做好免疫接种工作：猪场要制定符合本场的卫生防疫制度并严格执行。定期对猪舍及周围环境进行有效消毒，定期更换消毒池和消毒盆的消毒水。妊娠母猪临产前 2~7 天转入产房，转猪前要彻底消毒猪身，注意双腿下方和腹部。

做好妊娠母猪产前免疫接种工作，保证仔猪通过吸食母猪初乳获得母源被动性免疫。一般产前 3~4 周对母猪免疫注射。

（5）精心管理：饲养管理人员驱赶母猪时动作要慢，不要打击腹部。妊娠母猪转群或跨越粪沟、门栏时动作要慢，防止拥挤和惊吓，防止急拐弯和在光滑泥泞的道路上运动，避免流产。雨雪天和严寒天气应停止运动，以免受冻和滑倒。每天都要观察母猪的吃食、饮水、粪尿和精神状态变化等情况。

二、围产期母猪和哺乳母猪饲养管理

1. 产前、产后的饲养管理

根据母猪体况增减喂料量，顺利度过哺乳期，体况良好，有利于仔猪获得较好的断奶重，也有利于母猪断奶后正常发情。

母猪哺乳期要保证产奶量，体重不降低。日喂 3 次或采用自动喂料系统，母猪随时可吃到新鲜饲料。哺乳期饲料适口性要好，营养均衡，促进母猪泌乳。饲料新鲜、卫生；夏天喂高能量饲料，降低热应激；增加饲喂次数，凉爽的晚上加喂一次；添加糖和其他可口饲料，特别是在夏天；料槽中放水或添加有葡萄糖或酸化剂的水，葡萄糖可以快速给母猪供能，酸化剂可刺激母猪食欲，微生态制剂可促进母猪肠胃健康。断奶前不要停止喂养，即断奶不限饲，喂母猪催情料，自由采食。产房保持安静，无应激。

（1）饲喂程序：

①母猪产前：对母猪彻底冲洗消毒，驱除体外寄生虫，产前 2~7 天进产房。产前不要减少饲喂量，自由采食。日粮中适当增加麸皮等轻泻性饲料。产仔当天的母猪不喂料，只饮麸皮食盐汤或水。对瘦弱的母猪不减料，增加 25 g 电解多维。

②母猪产后：第 1 天饲喂 1 次，0.5~1 kg；第 2 天饲喂 1 次，1~1.5 kg；第 3 天饲喂 3 次，增加到 2.5 kg；然后每天增加 0.5 kg，直到 5~7 kg。这种饲料量递增的饲喂模式有利于提高泌乳期总采食量和泌乳总量。

③母猪产后 1 周后，要最大限度增加采食量，以提高泌乳量。同时要看猪的实际情况适量饲喂，防止消化不良和乳房炎。

产仔后的初产母猪，在第一周不能过多喂食，以免乳房充血，发生急性乳房炎。因为喂食过多，母猪泌乳量增加，猪崽太小，可能无法吸食全部奶水。

母猪喂料推荐

产前 4 天到分娩	采食量（kg）	
分娩当天	不喂料	喂少许麸皮盐水汤
产后第 2 天	1	
产后第 3 天	1.5	
产后第 5 天	2	
产后第 6 天	2.5	
产后第 7 天	3	仔猪开始补料
产后第 8 天	3.5	
产后第 9 天	4	
产后第 10 天	4.5	
产后第 11 天	5	哺乳期每天增加 0.5 kg 料，比 8 天后自由采食吃的更多，然后在 20 天达到最大采食量。
产后第 12 天	5.5	
产后第 13 天	6	
产后第 14 天	6.5	
产后第 15 天	7	
产后第 16 天	7.5	
产后第 17 天	8	
产后第 18 天	8.5	
产后第 19 天	9	
产后第 20 天	9.5	
产后第 21 天	10	
产后第 22 天到断奶	10	
断奶当天	不喂料	
断奶后到再配种	自由采食	缩短发情天数，增加排卵

（2）观察母猪：是否便秘；是否有阴道排出物；乳房是否发硬，是否发热。用手摸，而不是眼睛看；食欲是否正常；体温是否正常；精神状况有无异常；胎衣是否下完；是否给予用药。

（3）日常管理：管理员每天要做的第一件工作是巡查，逐床核查耳号，预产期是否与档案相符。查看有无异常的母、仔猪。

观察舍内温度计，发现加热灯损坏的立即换上，调整饮水、饲喂设备。

2. 分娩与接产

（1）母猪分娩征兆：

母猪产仔前表现与距产仔时间

产前表现	距产仔时间
乳房膨大	16 天
阴户红肿，尾根两侧下陷	3~5 天
挤出乳汁（从前边乳头开始）	1~2 天
不安，起卧	8~10 小时
乳汁由清变浓（乳白色）	6 小时
呼吸加快（90 次 / 分钟）	4 小时
躺下四肢直伸	10~90 分钟
阴户流出分泌物	10~20 分钟

如果要使母猪同期分娩、便于管理，可在预产期前一天早晨注射氯前列烯醇 0.1 mg/ 头。

（2）母猪分娩前的准备：

①准备接产用具及药品：产仔记录表格、浴巾、剪子、碘酊、肥皂、结扎线、秤、断尾、剪牙钳、耳号钳等，提前消毒。

②管理人员提前将加热灯具装好，提高产房温度。母猪临产前，用 0.1% 新洁尔灭或高锰酸钾溶液刷洗外阴、后躯及乳房。同时接产人员指甲要剪平、磨光，以便助产。

（3）分娩监护：产前 5 小时到产后 3 天，受到密切监护的母猪每胎平均多断奶 0.73 头仔猪。一般平均每胎死胎率为 0.5~1 头，母猪越老死胎发生率越高。后娩出死胎的可能性较大，在分娩延长时尤其如此。

正常分娩过程为 1~6 小时，每隔 15~30 分钟娩出一个胎儿。注意胎儿出生时间，如果最后一头仔猪娩出的时间较长，则探知子宫内是否有仔猪卡住，助产抢救仔猪。

分娩监护的主要问题是如何确定母猪的分娩时间，以便安排有人在场守候，可以借鉴同期分娩技术、批次配种技术。

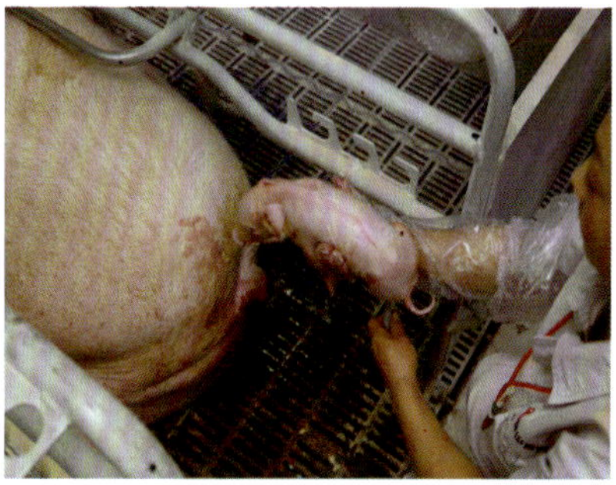
母猪娩出仔猪

（4）接产：一般母猪分娩时为侧卧，经过几次剧烈阵缩与努责后，胎衣破裂，血水、羊水流出，随后产出仔猪。一般每 5~25 分钟产出一头仔猪（平均出生间隔为 12~20 分钟），整个分娩过程为 1~6 小时（平均为 1.5~2.5 小时）。超过 4 小时可能是难产，需采取助产措施。如果胎衣破后 0.5 小时仍不见仔猪出生或出生间隔已超过 30~45 分钟，需产道掏出胎儿（手经过严格消毒）。如胎衣破裂、羊水流出，在确认产道内没有胎儿且母猪子宫收缩无力时，在阴唇内侧注射催产素 20~30 国际单位，每隔 2 小时重复注射一次。

①仔猪产出后，一手握住前躯，一手用浴巾擦干口鼻前的胎衣、口鼻内和全身的黏液。如发现胎儿包在胎衣内产出（胎盘前置），立即撕破胎衣。

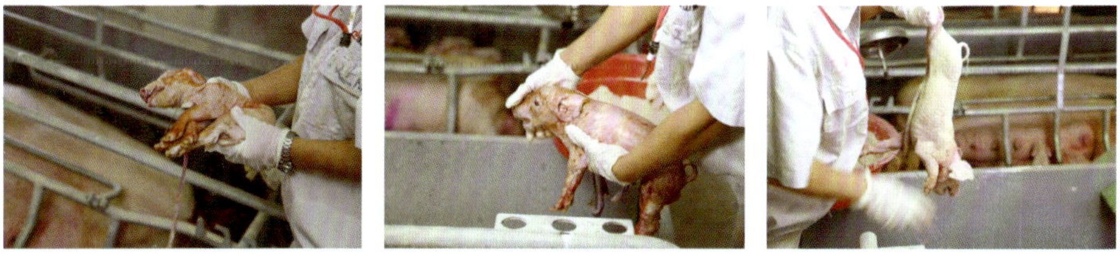
仔猪出生后护理

②胎儿全身擦干后，将脐带血向胎儿脐孔方向捋。当脐带停止跳动时，距腹部 4 指处断脐，不要留的过长或过短，不要结扎，断头处涂上碘酊。如脐带流血不止时，立即用结扎线扎紧（结扎线放在碘酊中浸泡消毒），或用手捏住，直到不流血为止。

③去犬齿、断尾、编号、称重，登记分娩哺乳卡。

去犬齿：剪牙钳要用 75% 酒精消毒，共剪去 8 枚犬齿（獠牙），尽可能接近牙床面剪断，切勿伤到牙龈，根据需要灌服药物或者进行免疫。最弱小的 2 只可以考虑不去犬齿。

断尾：去 2/3，留 1/3，一般尾巴留 2.5~3 cm 长，即母猪可以盖住阴户，公猪到阴囊中部，断尾后碘酊涂伤口。

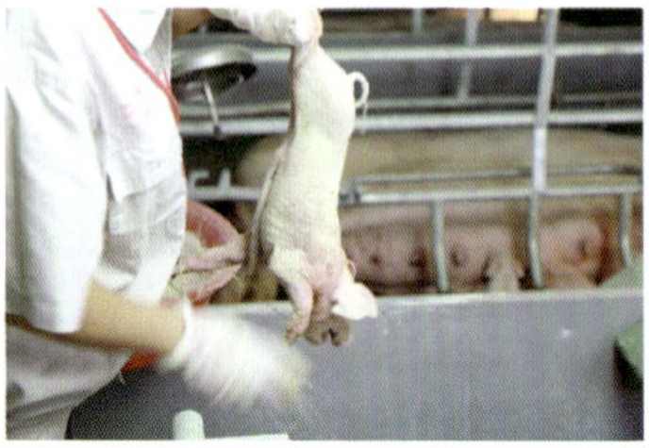

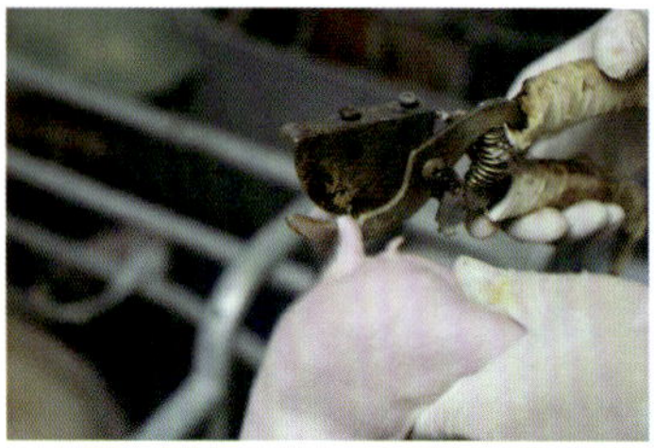

磨牙和断尾

④保证仔猪出生后 8 小时内吃上初乳，将乳汁挤掉几滴，以防污染。仔猪出生后受凉或没有及时吃上初乳，易患低血糖症，如发冷、发抖、侧卧、腿打颤，口鼻有泡沫。口服或腹腔注射 20% 葡萄糖液，用加热器提高产房温度。

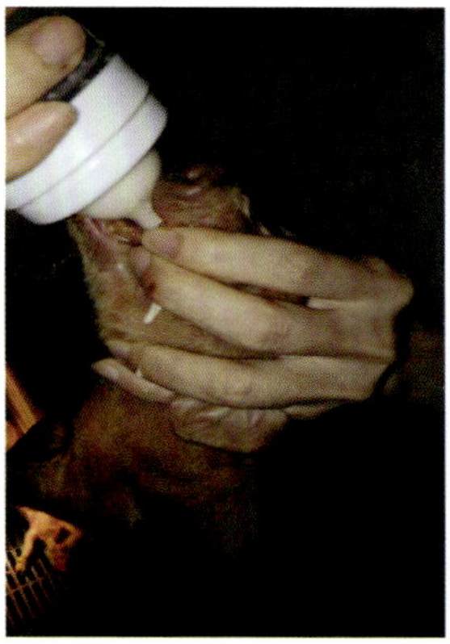

仔猪吃乳

⑤假死仔猪（产出后没有呼吸，但心脏仍在跳动）要立即施救。仔猪四肢朝上，一手托住肩部，一手托住臀部，一屈一伸反复进行人工呼吸（屈伸动作应与猪的呼吸频率相近）；或用一手提仔猪的后肢，头向下，另一手拍打背部，直到出现呼吸为止。

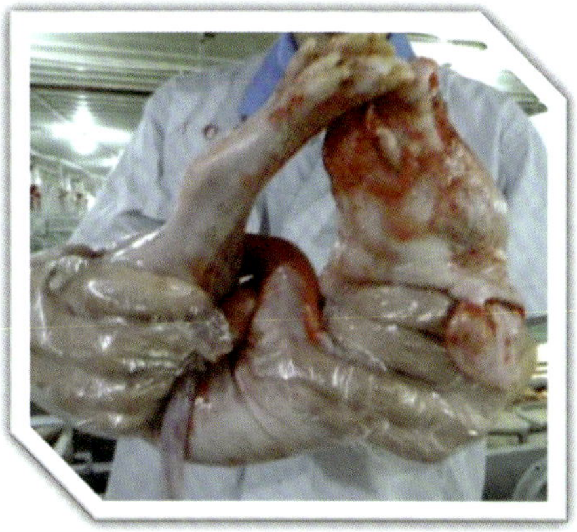
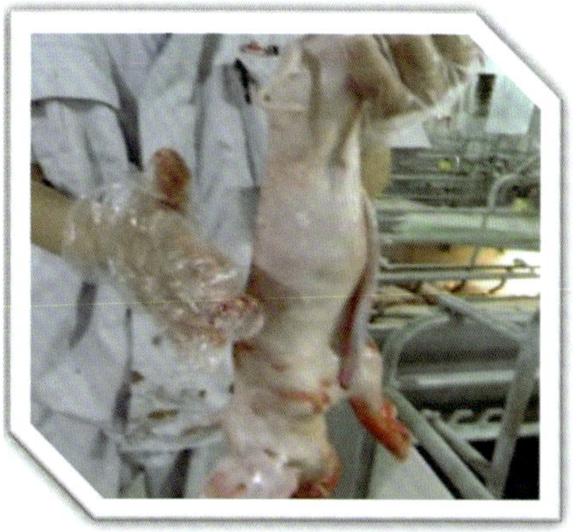

假死仔猪救治

⑥难产的处理：胎膜破裂，胎水流出，母猪起卧不安，弓背、侧卧后长时间不产，努责次数增多，阵痛加剧，甚至发生呼吸困难，需及时助产。助产员指甲剪短、磨平，手臂用2%~5%来苏儿水消毒，涂上香皂和液体石腊，五指并拢成圆锥状，趁母猪努责暂停时伸入产道，抓住胎儿头部或后腿，随母猪努责拉出产道。如果两个胎儿同时堵住，应先推进去一个，拉出来一个，然后再拉另一个，切勿损伤产道和子宫。

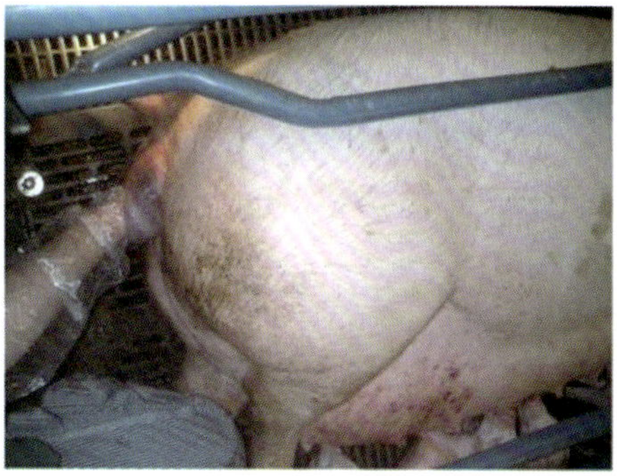

难产母猪处理

通过种猪品种的改良，特别是新法系种猪变得体形大，生产性能优秀，难产发生几率小。

⑦仔猪全部产出后，胎衣排出需 1~3 小时，超过 3 小时可注射催产素或氯前列烯醇，检查胎衣内脐带头的数目是否与仔猪头数相等（包括死胎）。胎衣排完后，应把胎衣、脐带头、死胎全部清除掉，喷洒消毒药水。母猪注射抗生素，预防乳房炎—子宫炎—无乳综合征。或在最后产仔 36~48 小时一次肌注前列腺素 2 ml，以排出恶露和子宫复位，有利于断奶后再发情。在乳房炎发生严重的猪场，产后立即注射 10~20 IU 催产素和抗生素消炎，有助于提高泌乳量。

（5）仔猪寄养：仔猪数超过母猪有效乳头数，产期相近的（2~3 天）母猪产仔数少，母猪因病少奶或无奶、死亡，同窝仔猪个体重参差不齐，母猪终止泌乳时，采取寄养措施。

①先用来苏儿水消毒母猪和仔猪。

②产期尽量接近，不超过 3 天，否则，寄养难以成功。

③寄养的仔猪必须吃过初乳，寄养强仔，不寄养弱仔。

④寄养母猪泌乳量要高。

（6）母猪的产后护理：

①保持舍内适宜的温度（20~22℃），空气新鲜、清洁干燥，随时通风换气。冬季保温，夏季防暑降温，相对湿度不能超过 75%。

②保证充足饮水，随时检查饮水器，流量以 2.5 L/ 分钟为好。

③保护好母猪的乳房和乳头，出现坚硬高热乳房、便秘、阴道恶露、食欲不振等时对症治疗。急性乳房炎多由大肠杆菌引起，可用甲氧苄氨嘧啶 / 磺胺多辛，或氨苄青霉素 / 阿莫西林连续注射 3 天。慢性乳房炎多由链球菌引起，注射氨苄青霉素 / 阿莫西林、青霉素，直到症状消失。老母猪有时会发生产褥热，这是一种低血钙症，静注葡萄糖酸钙。

④温和对待母猪。清扫卫生，消毒，固定时间喂料。

⑤防止母猪踩、压仔猪。

⑥晚上提供照明，仔猪安装加热灯，局部气温保持在 32℃。1 周后可降为 28~30℃。

3. 围产期母猪常见问题

（1）母猪肥胖：若分娩时初产母猪或者经产母猪的体况评分为 4 分，会增加难产的概率，降低哺乳期的采食量，进而影响仔猪的断奶重和生存力，并降低以后的繁殖性能。

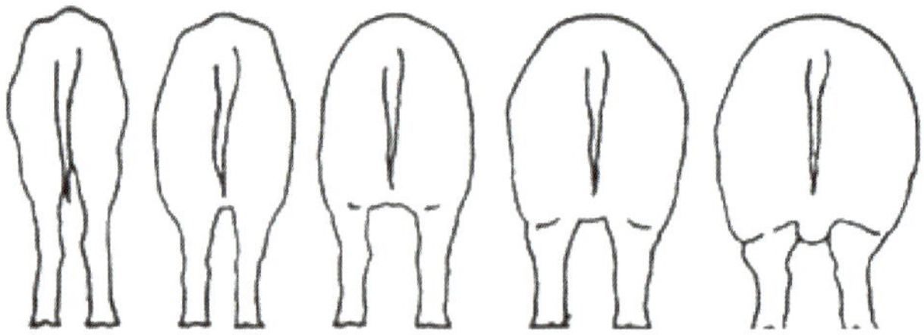

母猪体况评分标准

（2）肢蹄病：肢蹄病经常被忽略，肢蹄长而变形的母猪较笨拙，容易踩死仔猪。

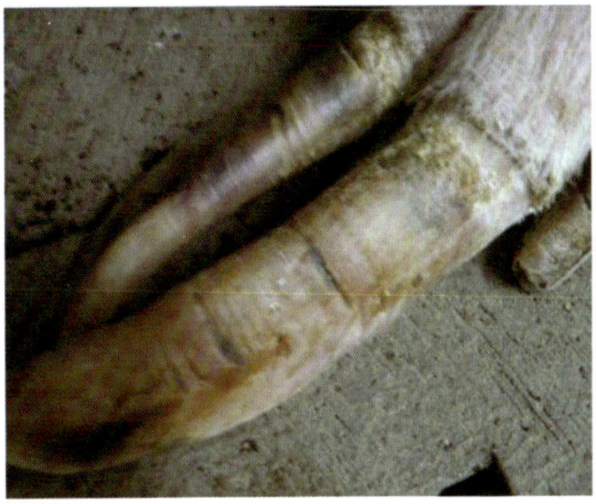
肢蹄过度生长

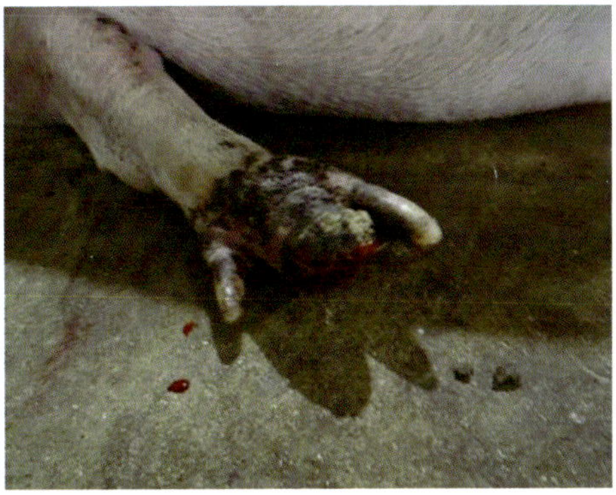
蹄跟腐烂

（3）初乳质量差：吮吸初乳是仔猪出生后 12 小时内从母猪获得抗体和保护性细胞的途径。72 小时内分泌的初乳含高量的免疫球蛋白，仔猪 24 小时内对初乳的吸收率最佳。初乳中免疫球蛋白分子很大，能够被新生仔猪的肠黏膜细胞吸收，在分娩后 6 小时内免疫球蛋白的区域开始关闭，12~16 小时则可能完全关闭。初乳每天分泌量为 1.2~1.9 kg。初乳在 2 胎之前、6 胎之后质量较差。

（4）乳头受伤：围产期母猪体重较大、懒惰，部分产床缝隙大，造成乳头割伤，母猪失去泌乳能力。

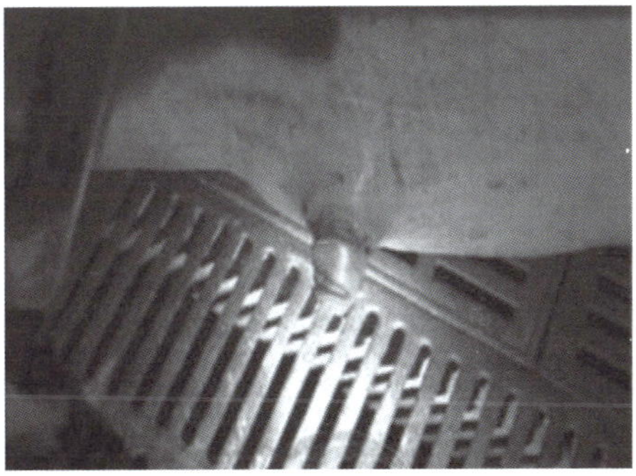
乳头夹伤

（5）泌乳障碍综合征（PPDS）：又称为乳房炎—子宫炎—无乳综合征，常发于高温潮湿季节，尤其是 6~9 月份，在产后 12 小时到分娩后 2~3 天内发生。

①临床症状：母猪不采食，呼吸急促，眼窝凹陷，体温升高，乳房红肿，阴户红肿，阴道有分泌物，仔猪脱水消瘦。

②亚临床症状：母猪食欲减退，体温升高或正常，乳房苍白扁平，阴道偶见分泌物。仔猪下痢。

③治疗：一旦发现乳腺炎症状或无乳，连续 3~5 天注射抗生素治疗。卡那霉素在一侧颈部注射，磺胺 +TMP 在颈部另一侧注射；或者使用阿莫西林在一侧颈部注射，磺胺 +TMP 在颈部另一侧注射。用药前 1 小时隔离仔猪，用药后 15 分钟解除隔离。对于母猪机能紊乱、无乳的情况，可注射催产素，

并配合温敷和按摩乳房，每隔 3~4 小时重复一次。

④预防：保持母猪既不肥也不瘦；对青年母猪，应在第二、三情期配种；分娩结束使用抗生素；分娩前 7 天，饲料中添加碳酸钙 400 g/t 及复合维生素 AD_3、E 等。高温季节用滴水和风扇降温，提供清洁饮水。

（6）腹泻：对于产房哺乳仔猪，腹泻是常见疾病，会导致哺乳仔猪的高发病率和高死亡率。仔猪在整个哺乳期都可能发生腹泻，以 5 日龄和 7~14 日龄居多。

引起仔猪腹泻的主要原因

病因	前期		后期		死亡率
	0~3 日龄	3~7 日龄	7~14 日龄	15~27 日龄	
无乳	√	√	√	√	中等
梭菌感染	√	√	√		高
球虫病		√	√	√	低
大肠杆菌病	√	√	√		中等
流行性腹泻	√	√	√	√	低
猪蓝耳病	√	√	√	√	变化较大
轮状病毒	√	√	√	√	低
传染性胃肠炎	√	√	√	√	高

早晚观察猪群是否存在腹泻，是零星发病，还是一窝只有一头仔猪发病，或全部仔猪都发病。根据病情对母猪、仔猪进行治疗，病情严重的需要一天两次进行治疗，7 日内仔猪需要经过口服给药治疗。

在不同产床操作时，注意消毒靴子或者更换鞋套，注射治疗注意更换手套。治疗完腹泻仔猪要洗手、消毒。

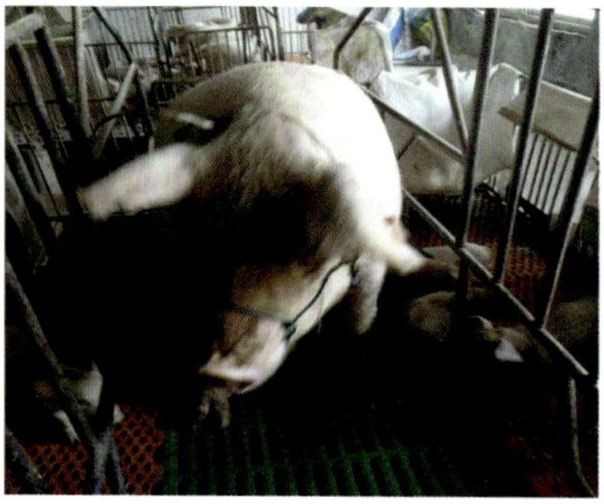

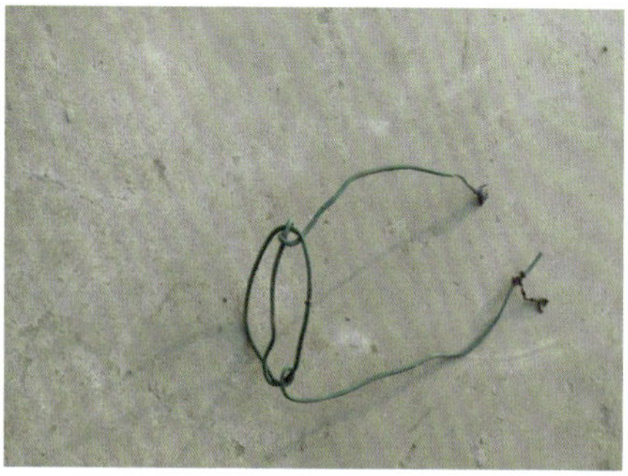

母猪简易嘴套保定

（7）母猪致死仔猪——啃咬仔猪、同类相食：常见于第一胎母猪，可以给母猪镇静剂，或者对母猪套头保定，强制哺乳。发现此类型母猪需要特别关注，仔猪出生后立即放置保温箱中，做好特殊记录。

（8）母猪消瘦症：第一次泌乳的年轻母猪常发，对于第一胎、第二胎泌乳母猪，饲喂含有丰富的蛋白质和热能的饲料，在傍晚时间为其加食。夏季气温高，母猪采食量低，必须提高饲料的营养浓度，注意降温。饲喂时间改为早五晚九，中间可加两次点心，增加点预混料量，每次一小勺。

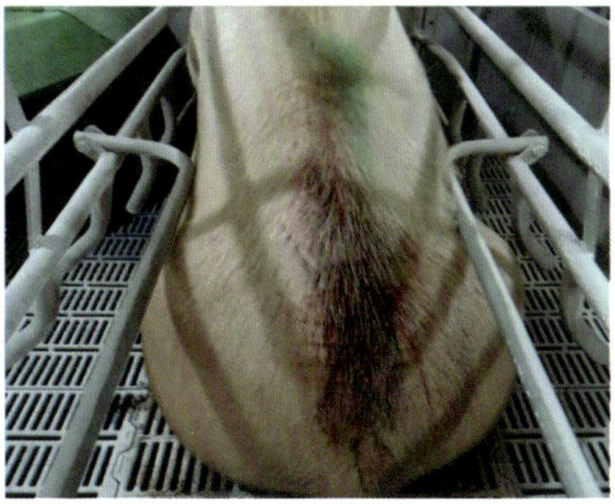

母猪腿瘫

（9）母猪腿瘫：钙、磷比例不合适，钙、磷、蛋白质摄入量不足，维生素 D 缺乏；猪舍地面设计不合理，斜坡大；猪舍潮湿、寒冷，母猪患关节炎、弓形体病等，都可以引起瘫痪。

（10）木乃伊胎：通常 35~90 日龄死亡的胚胎会形成木乃伊胎。卵子老化，勉强可受精，胚胎发育不良，细菌、病毒感染，细小病毒和乙型脑炎，是造成木乃伊胎最常见的因素。

（11）死胎：死胎通常发生在产前和分娩过程中。死胎原因有近亲繁殖；母猪怀孕期间营养不良，如钙、磷比例失调；母猪过肥，低血糖、低血钙造成肌肉收缩无力；细小病毒感染；热应激；仔猪太大，骨盆过小，产仔猪数多。夏季所产最后一头仔猪多为死胎，生产间隔时间久，往往以为分娩结束。

（12）母猪产后缺奶：营养不良，氨基酸配比不平衡，维生素缺乏，母猪过肥；母猪过老或配种过早，产后饲养不当，产程长，舍内环境差；母猪患子宫内膜炎、乳腺炎、蓝耳病等。

（13）子宫脱垂：该病与霉菌毒素有关。一般在最后一头仔猪出生后发生，如不采取措施，母猪 30 分钟内死亡。手术复位，消炎处理，争取正常哺乳仔猪，断奶后淘汰。

（14）阴道脱出：产前、产后均有发生，与限位栏倾斜度有关系。手术复位，消炎处理，接产人员要精心照顾，助其顺利分娩，防止子宫脱出及大出血。

（15）触电事故：产房电加热，易发生触电事故。

（16）肩部褥疮：这是因肩胛骨突起，对皮肤造成持续性创伤，最终皮

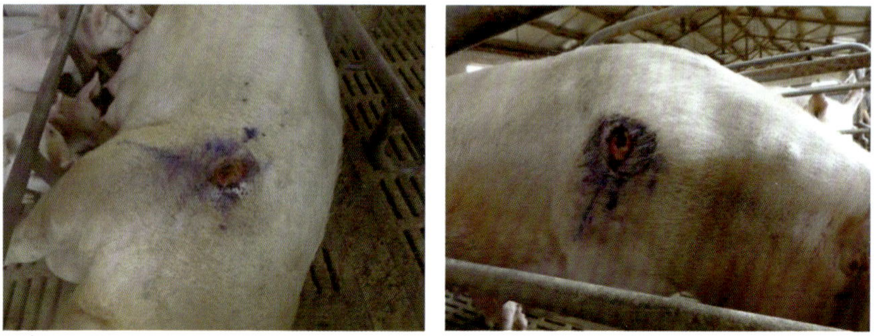

肩部褥疮

肤破裂、腐烂，发展成大溃疡面。

4. 提高仔猪成活率

想提高仔猪成活率，就要善于利用生产记录发现问题、管理好母猪，有合理的产房设计（合理的温控制备），有好的分娩管理、产仔监控措施，营养均衡。

产房建议生产指标

总仔数	14.5
死胎 / 木乃伊胎比例	<10%
活仔数	13.2
断奶前仔猪死亡率	10%
断奶仔猪数	12

仔猪压死和活力差是导致仔猪死亡的主要原因，其次是腹泻。

仔猪死亡率临床数据（单位：%）

各种死亡原因		仔猪出生后死亡率	
		实际	目标
压死	38	4.1	< 3
活力低	18	1.9	1
其他因素	15	1.6	1.5
腹泻	10	1.1	0.5
饥饿	7	0.75	0.5
没有记录	5	0.5	0.5
畸形	5	0.5	0.5
咬死	2	0.2	0.2

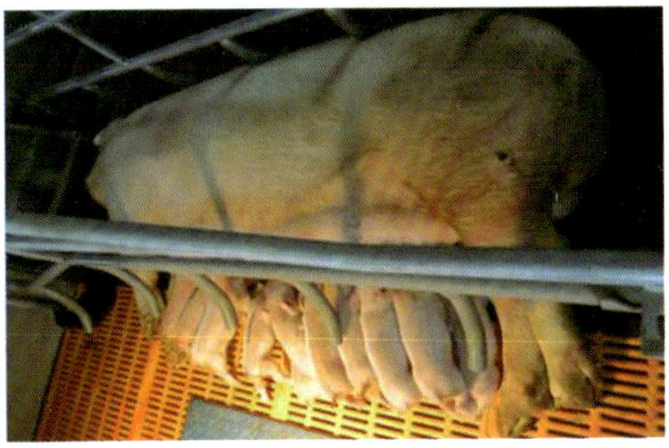

哺乳

降低仔猪死亡率措施：产房保持适宜的温度，仔猪 28~32℃，母猪 16~20℃。引导分娩，分娩监护，手工助产。注射催产素治疗子宫迟缓，加速分娩。剥去仔猪身上的胎衣，以防窒息。清除仔猪呼吸道中的黏液，人工呼吸，使用呼吸刺激药物。仔猪产出后，立刻用红外线灯烘干被毛和保暖。把低能仔猪从母猪身边取走，放到保暖区给予初乳（预先挤的）或代乳品，2~3 小时一次。喂给脱水仔猪电解质。

对仔猪数多的窝分批哺乳，将较小的仔猪放在母猪身边，将最大仔猪中的半数从母猪身边取走 2~3 小时。将同期产仔的 2 头母猪进行交叉寄养，以平衡仔猪数量。返回寄养的较小仔猪。对仔猪的外八字开张腿，用绳带收拢矫正。对仔猪数多的窝辅以代乳品。母猪产房进行批次管理，保证高标准卫生条件，降低发病率。

三、新生仔猪饲养管理

1. 哺乳仔猪的饲养管理

（1）固定好奶头，吃好初乳。先将弱小的仔猪放在前面 1~3 对出奶多

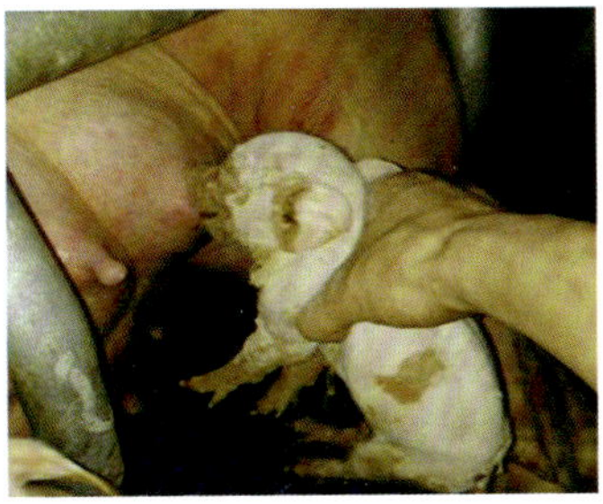

吃初乳

保温

的奶头上，强壮的仔猪放在后面，尽量产后1~2天固定好奶头，产仔数少于奶头数，可让弱小的占2个奶头。

（2）加强保温，防冻防压。采用保温箱红外线灯或电热板等局部保温，仔猪出生时温度达到30~32℃，至28日龄逐渐降至25℃。采用产床分娩防压。

（3）仔猪生后2~3日龄在颈部或腹股沟部（不要在大腿部）注射补铁剂150~200 mg。含硒铁剂注射1 ml/kg，防止硒过量。为确保补铁效果，仔猪2周龄可再注射一次，1.5~2 ml/kg。

仔猪保温

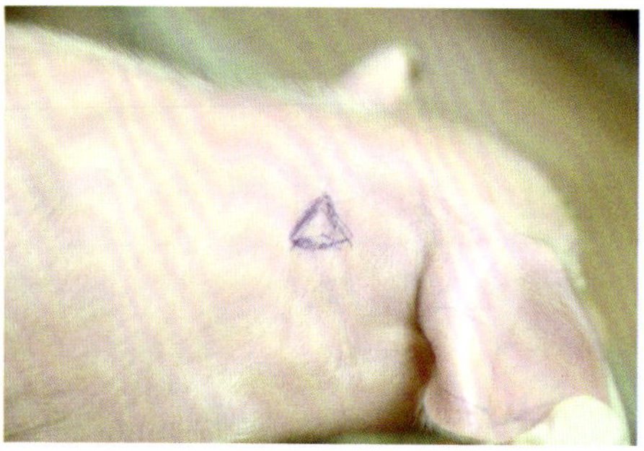

注射部位

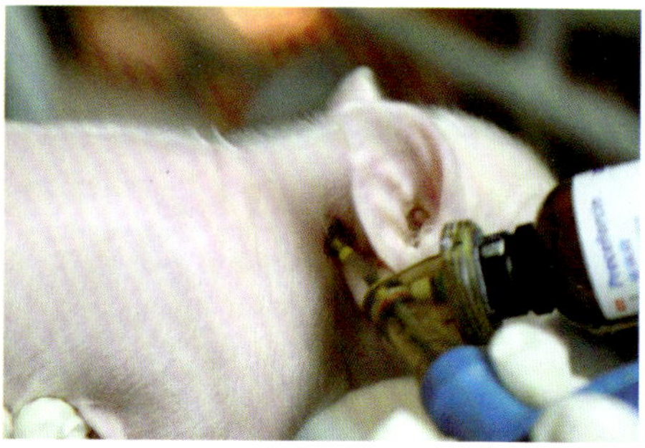

垂直入针

（4）仔猪5日龄开始补水，到自动饮水器强制饮水，经过几次训练便可成功，饮水流量以0.75 L/分钟为宜。

（5）仔猪7日龄在小食槽中加少量料，让其自由拱食。或采取强制诱食，即在仔猪熟睡时将乳猪料抹入仔猪口中，经过几天训练便可成功。饲料必须保持新鲜，无粪尿等，随着仔猪日龄的增加，采食量增大，逐渐增加添料次数和饲喂量。避免将仔猪料槽放在加热灯下，以防变质。乳猪料的原料，可选用适口性好、易消化、含抗体球蛋白、营养丰富的乳制品、血浆蛋白粉及有机酸等。

（6）3~10日龄公猪去势，去势前将用具和去势部位用碘酊消毒，去势时不能将任何结缔组织留挂在猪皮肤上。

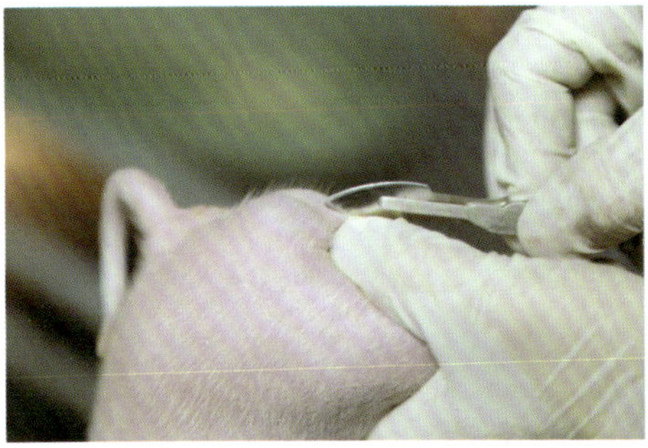

公猪去势

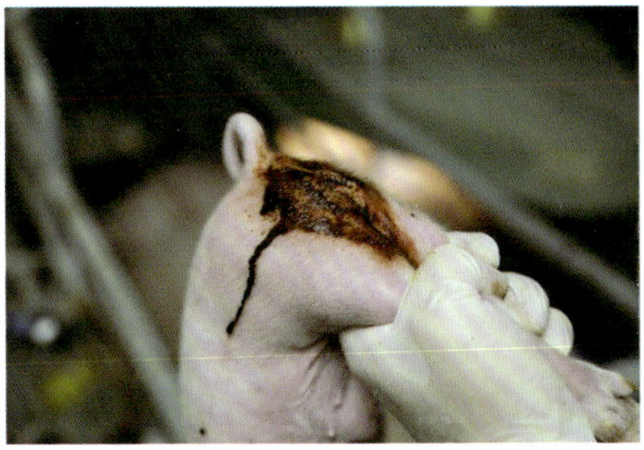

术后消毒

（7）经常巡视所有仔猪，有无下痢、饥饿、关节等问题，及时处理。

（8）控制温度在适宜范围内。高温季节注意降温，通风换气。保持产床及房间的卫生状况良好。

（9）保持母猪良好的泌乳能力。产房消毒，一般室外每 2 天一次，舍内每周 2 次，不留死角，彻底消毒。根据猪场内和周边的疫情状况，随时调整免疫程序。

2. 断奶

（1）仔猪 3~5 周龄早期断奶，断奶前确定应该淘汰的母猪。对继续生产的母猪，于断奶前一周免疫注射。

（2）填写母猪卡上的断奶记录，清点仔猪数。将公、母猪分开，转到保育舍。将母猪安静地赶到配种间。整理灯罩和母猪、仔猪料槽，清扫空舍卫生。断奶仔猪在傍晚转群，再将母猪转到配种间。

（3）每单元产房仔猪断奶后，空栏 1 周，彻底冲洗消毒。先将舍内外及设施（包括墙壁、顶棚）饲具等的粪便、污物灰尘用清洗机彻底冲刷干净，不留任何死角，同时将地下排污道集中处理干净。对圈舍及设施采用火焰喷枪、熏蒸等方法反复消毒，每次消毒间隔 12~24 小时。为提高消毒效果，每次可更换消毒剂种类。消毒完毕后关闭门窗待门窗，待干燥后进猪。

（4）修理好损坏设备或工具，准备迎接下一批待产母猪。

（5）妊娠母猪在进入产房前，在妊娠舍彻底清洗消毒。一般妊娠母猪在产前 5~7 天转入。妊娠母猪在产前 3 天必须控料，有利于顺利生产。

四、保育仔猪饲养管理

1. 保育仔猪的生理特性

保育仔猪俗称断奶仔猪，在集约化养猪生产中，通常把断乳至60~75日龄的仔猪称为保育仔猪。

（1）生长发育快：断奶仔猪正处于一生中生长发育最快、新陈代谢最旺盛的时期，每天沉积的蛋白质可达10~15 g，而成年猪仅为0.3~0.4 g。因此，需要供给营养丰富的饲料。一旦饲料配给不合理、营养不良，就会引起仔猪营养缺乏症，导致生长发育受阻。

（2）消化机能不完善：刚断奶仔猪，由于消化器官发育不完善，胃液中仅有凝乳酶和少量的胃蛋白酶，而无盐酸，消化机能不强。如果饲养管理不当，易引起腹泻等疾病。

（3）抗应激能力差：仔猪断奶后，离开了母猪，开始完全独立的生活，对新环境不适应。如温度低、湿度大、消毒不彻底等，就会产生应激，均可引起条件性腹泻等疾病。

（4）坚决执行“全进全出”制度：同一栋保育舍内的仔猪在同一天转进，又在同一天转出。

2. 转入保育时的断奶日龄和断奶体重

早期隔离断奶技术已在规模化养殖中普遍采用。通常仔猪在14~28日龄断奶，多数集约化养猪场为20~27日龄。仔猪在断奶时的体重越大，在接下来的4周生长速度和饲料转换效率越高，越能更快达到屠宰重量。一般仔猪断奶时体重应达到7 kg以上。每个养殖场应根据实际情况找到最佳的断奶日龄和断奶体重。仔猪断奶前采食固体饲料（教槽料）400 g是比较合理的安全阈值，仔猪可以顺利度过断奶期。

3. 保育仔猪环境控制

（1）温度控制：断奶仔猪对环境温度要求很高，防止贼风在冬季尤为重要。权衡温度与通风时，即便空气质量（氨气水平上升）短期下降，也要优先满足温度要求。需要注意的是，温度计或温度传感器与仔猪躺卧处的温差会有2~3℃。

在每一天结束工作前观察猪群，如果猪群打堆、俯卧，说明环境条件存在问题；如果猪分散、侧卧，说明环境适宜。

保育舍温度（单位：℃）

发育阶段	舍内温度	冷应激临界温度下限	热应激临界温度上限
断奶第 1 周	28~30	25	35
7~15 kg	25~28	21	35
15~30 kg	22~25	17	34
30~60 kg	20~22	16	34
60~90 kg	20~22	13	34
90 kg 以上	18~22	13	34

（2）环境微生物控制：保育仔猪转入前，对保育舍彻底冲洗、消毒、空置，降低环境中病原微生物含量。在仔猪饲养过程中要保持保育舍的清洁和卫生，这比任何的消毒都更加重要。

（3）饲养密度管理控制：合理的饲养密度可最大程度发挥仔猪的生长潜能。一般每头保育仔猪的饲养面积为 0.3~0.4 m^2，在保育后期确保能为所有猪只提供足够的躺卧空间。饲养密度过大会导致仔猪生长速度下降；咬耳和咬尾等恶习增加；发病风险增加，特别是猪渗出性皮炎、断奶后腹泻、猪繁殖与呼吸综合征、猪流感及支原体肺炎等；通风问题增多。

4. 保育仔猪饮水和饲喂管理

通常断奶仔猪无法摄取足够的饮水。断奶前仔猪吸吮母乳，不觉得渴，较少到杯式饮水器饮水。仔猪断奶后日粮突然从液体食物变为固体饲料，需要 1~2 天学习如何使用鸭嘴式饮水器，定期召唤仔猪去哺乳的条件反射也同样消失了。仔猪断奶后 7 天饮水量减少，导致脱水和肠绒毛萎缩。

确保乳头式饮水器的水流速度不低于 0.7 L/ 分钟。在仔猪断奶后 5~7 天，建议每天通过小型敞开式饮水器或碗状饮水器提供饮水。

断奶仔猪对饮水的需求

仔猪断奶时间	体重（kg）	每天估计饮水量（L）
第 1 周	6~7	1.0
第 2 周	8~9	1.4
第 3 周	10~13	1.7
第 4 周	14~16	2.0

日常巡视时注意仔猪的饮水情况。检查饮水供应需要从猪舍的进水点开始，到饮水器止。检查饮水器是否漏水（非常浪费成本），清洁情况（脏的饮水器通常都不正常工作），饮水器位置（猪是否能够舒适地触及饮水器），高度与角度（是否仔猪方便饮水），水流速度（测量水流速度需要使用一个250 ml的量杯和一块秒表），水的温度（在采集水样上方用近红外测温仪测量），水的颜色和味道（铁含量高的水是红色的，硫含量高则有难闻的臭味），饮水器的水压。

饮水器安装角度对应的高度和水流量

保育仔猪	90° 对应高度（cm）	45° 对应高度（cm）	水流量（L/分钟）
<5 kg	275	300	0.5~0.8
6~7 kg	300	350	0.5~0.8
8~15 kg	350	450	0.8~1.2
16~20 kg	400	500	0.8~1.2
21~30 kg	450	550	0.8~1.2

保证仔猪的饮水质量和卫生标准，每年采集水样送检，分析细菌污染情况以及水质。仔猪断奶后可在饮水中添加电解多维等，减少断奶应激。每天日常工作中，都要检查饮水器的出水情况，对堵塞不出水的饮水器及时更换。每个管理者要牢记一句话，“宁缺一天料，不缺一口水”，缺水易引起仔猪脱水死亡。

对断奶仔猪实行“三维持、三过渡”的原则。“三维持”：一是仔猪断奶后维持在原圈饲养（将母猪转入空怀母猪舍）1周，再转入保育舍；二是仔猪继续用原有教槽料（乳猪料）饲喂1~2周；三是维持原窝转群和分群，不轻易并群或调群。“三过渡”：一是饲料营养要逐步过渡，按比例有计划地更换仔猪料，防止营养应激。二是实行饲喂方式逐渐过渡。仔猪由定时哺乳改为自由采食，易导致过食、消化不良或下痢，因此，要实行断奶后第1~2周限量饲喂，第3周后采用自由采食。三是环境条件逐步过渡，防止应激。仔猪断奶后离开母乳和母体，转入到新的栏舍，而且还要合并和拆群。环境变化大易产生应激。重点是控制好仔猪转入保育舍后的温度。此外，做到夜并群日不并群，拆多不拆少，留弱不留强，减少环境应激。

5. 保育仔猪的免疫及保健

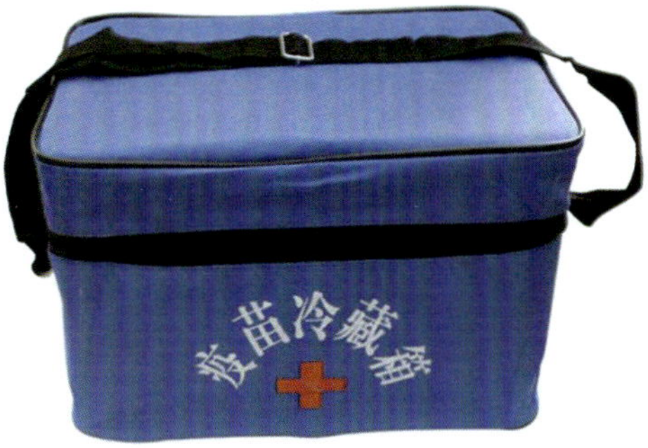

依据当地流行病情况和本场猪群的健康状况合理制定免疫程序，遵循“简单、有效、易操作”的原则。保定仔猪时轻抓轻放，减少应激，严禁接种时大声喧哗，发出尖锐声响。疫苗按照说明书进行配制，冷藏箱加冰，放有高低温度计（保证箱内温度在 2~8℃）。弱毒苗稀释后必须在 2 小时内注射完。疫苗领用时避光，避紫外线。选择 9 号（5 周龄内）或 12 号（6~10 周龄）注射器针头。注射免疫时，每一栏更换一个针头，对疫苗过敏的仔猪集中注射地塞米松等抗过敏药物。疫苗注射完毕后，将空瓶放在指定处，以便集中消毒处理。填写免疫记录表，以便跟踪查找。

根据保育猪群的健康状况制定保健方案，随疾病情况和用药目的进行调整。免疫空白期采取肌注抗菌药物，饲料中添加药物或饮水投药，可减少病原微生物的感染。在饲料中添加酸化剂、酶制剂、益生素、高铜高锌，可以调节仔猪肠道健康，提高断奶仔猪的免疫力。

五、生长育肥猪饲养管理

在生长育肥期间，确保猪只平稳、快速的生长，及早达到销售体重，死亡率控制在 2% 以内。

1. 生长育肥主要工作计划

生长育肥周工作计划

时间	计划事项
周一	疫苗免疫
周二	接保育猪
周三	猪只转群销售
周四	转群后栋，舍空栏清洗，设备检修，空舍熏蒸
周五	根据猪群体重日龄报料
周六	按猪群长势适当调群
周日	提报出售猪只计划，物资、药品采购计划

日常工作流程

时间	主要工作内容
7:00~7:30	（1）感官检查空气质量，如温度、湿度、通风，并记录温度 （2）打料饲喂
7:30~8:00	（1）巡检猪群，有拉稀、跛行、外伤等异常猪只，记录并治疗 （2）检查水线、风机、料线、料槽、饮水器及围栏等设备设施
8:00~11:00	（1）猪只治疗并记录 （2）换料工作和药物保健 （3）疫苗免疫工作
13:00~13:30	（1）巡检猪群，是否有拉稀、跛行、外伤等异常猪只 （2）检查空气质量，如温度、湿度、通风等
13:30~16:30	（1）维修保养风机、料线、料槽、饮水器等设备设施 （2）疫苗免疫 （3）换料工作和药物保健
16:30~17:00	（1）死猪处理 （2）归整工具，打扫卫生，处理垃圾 （3）整理填写当天生产报表

2. 猪群环境管理

（1）环境温度管理：每天检查舍内环境温度和通风情况，查看猪只睡眠行为，判断温度是否适宜。当猪群出现叠压时，提示舍温过低，易造成脱肛和猪流感等。当猪群出现“满天星”躺卧，或在排泄区躺卧的情况时，提示舍温过高，易造成猪群热应激、减料等。适宜的躺卧姿势应为平铺式，仔猪在栏舍内一头挨着一头躺卧，呼吸平稳。通过调整通风量调节温度，确保空气质量和适宜湿度（50%~70%）。

育成阶段猪群最适温度（单位：℃）

阶段	舍内温度	冷应激临界温度下限	热应激临界温度上限
30~60 kg	20~22	16	34
60~90 kg	20~22	13	34
90 kg 以上	18~22	13	34

（2）猪只饮水管理：每天检查饮水装置是否正常使用，确保猪只有足够的饮水。一般每个水碗可以供应 20 头猪只饮水，离地面高度控制在 20~30 cm。一般每个饮水器可以供应 15 头猪只饮水，可以根据猪只生长情况调整高度。

育成阶段猪群最适温度

猪只体重（kg）	水需要量（L/天·头）	乳头饮水量高度（cm）		水流速度（L/分钟）
		90°	45°	
30~60	3~5	45	55	0.8~1.2
60~100	5~8	55	65	1.5~1.8
>100	8 以上	70	85	1.5~2

（3）猪群密度管理：

育成阶段猪群最适温度

猪体重	饲养密度 m^2/头（全漏缝地板）	饲养密度 m^2/头（半漏缝地板）	饲养密度 m^2/头（实心地板）
30~90 kg	0.7~0.9	0.8~1.0	0.9~1.2
90 kg 以上	1.1~1.3	1.2~1.5	1.4~1.8

3. 饲喂管理

生长育肥猪自由采食，每天有 1 个小时的空料时间，促使猪只将料槽内饲料吃干净。

根据猪只日龄及时换料，两种料号的饲料需要 2~3 天的过渡，比例 2 ∶ 1、1 ∶ 2。两种料要充分混匀，减少换料应激。

对于体重较小的猪只或病弱猪只需要饲喂稀粥料，少喂多餐。同时栏内可以增加橡胶垫，增加猪躺卧的舒适性。在仔猪体况好转后逐渐向浓粥料、湿拌料过渡，浓度逐渐增加，最后过渡到干料。

4. 免疫程序及免疫管理

常用的免疫程序

日龄	疫苗种类	剂量	针头规格（mm×mm）	备注
40	猪瘟	1 头份	12×20	1. 选择对应的针头免疫 2. 所有疫苗均为肌肉注射
47	伪狂犬	1 头份	12×25	
63	猪瘟	1 头份	12×25	
63	口蹄疫	2 ml	16×25	
77	伪狂犬	1 头份	16×25	
91	口蹄疫	2 ml	16×25	

5. 日常巡检及记录

每日按照猪群日龄从小到大巡栏，感受舍内温度、湿度、气味是否正常。观察猪只是否有活泼、消瘦、咳嗽、气喘、瘸腿、拉稀、被毛粗糙。对下料过多或是过少调节下料口，及时清除干净料槽。观测水流水压是否正常，水碗内有无脏物。及时处理圈舍内损坏的设备。每周更新批次记录信息，包括死淘和选种情况。发现问题猪只，做好标记，记录栏位、症状等信息，及时治疗。

记录车间猪群转入和转出头数、日龄，存栏头数及重量。记录猪只死亡情况、饲料消耗、治疗情况、免疫保健情况、温度，以及每天的水电消耗等。根据每一批次的数据，计算出每批猪的日增重、料肉比、饲料成本、日增重、用水量、能源消耗、医药费用等。这些信息有助于更进一步提高保育猪与育成猪的生产性能。

六、猪出栏

根据猪只体重、猪群的周转计划及市场行情，确定育肥猪只销售时间。

1. 磅秤校检

在育肥猪出栏前 1 周要对磅秤进行校检。

（1）秤台要放置水平，最好用水平尺测量一下。秤台的四角都要接触地面，可用手分别扳动四角上下晃动，调整螺丝使之平衡。

（2）要尽可能把猪赶在秤台中部，再称重。

（3）仪表上的每个插头要插牢，插头上的禁固螺丝要锁紧，在仪表电

秤台放置

秤台校正

源开关打开的情况下，禁止拔下信号线和打印机插头。

（4）装猪笼与磅秤台面大小合适，称重期间要随时检查磅秤底部是否有异物。

2. 赶猪通道

在肥猪出栏前 1 周要设计好赶猪路线，修整赶猪通道，原则是与装猪台距离最短，符合生物安全要求。

赶猪通道

装猪台

升降爬梯（装猪台）：爬梯设置宽 70 cm，高 85 cm，允许肥猪单个顺序通过；爬梯设计地板要粗糙、防滑，可以使用实木或花纹钢板，并设置横向隔断，高度 3~4 cm；侧栏采用钢筋栏杆材质，要求不透光，地磅围栏高 90 cm，四周围栏不透光。

升降爬梯

3. 控料

在肥猪销售前 12 小时对猪群控料。要求料槽空 12 小时，期间只能饮水，不能饲喂。

销售前空料

4. 药残检测

在肥猪销售前，畜牧部门人员会对猪群抽检药残情况，养殖户需要配合开展检测工作。一般药残检测有快速检测卡和 ELISA 两种方法，常用快速检测卡检测。

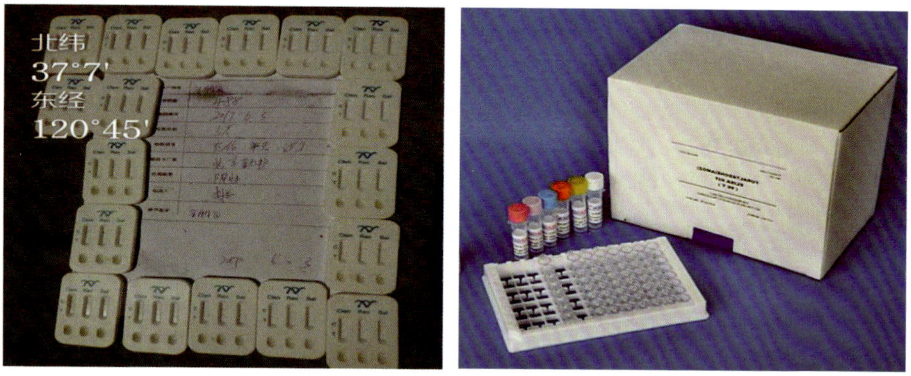

药残检测

5. 猪只销售

安排人员赶猪，根据磅秤面积确定赶猪数量，赶猪做到“稳”、“快”、“准”。同时记录猪只数量、重量。

6. 空舍冲洗消毒

（1）清理：猪只转走后，对猪舍清扫清理；使用铲子清理地板上的干粪，到粪池 / 粪沟中；清理有粉尘的地方，不能直接冲洗。排放污水，排空后塞子回位。

（2）安全处理：所有插座要防水，断电后卫可用湿抹布擦拭，不易清洗的地方需要拆卸。为员工配备足够的雨衣、护目镜和手套等。高压冲洗过程中，禁止使用铁丝固定高压水枪开关。

（3）维修：对舍内栏体、器具、水嘴、栏板等有损坏处进行维修。清洗熏蒸消毒后不得再进行维修。

（4）浸润：使用浸泡喷淋系统或者低压喷枪，自上而下打湿屋顶、墙面、栏体、地面等。用低压喷枪每间隔 30 分钟打湿一次，持续 2 小时；喷淋系统打开 10 分钟后关掉，暂停 30 分钟后重复，持续 2 小时；最后用喷泡沫枪在墙体、栏体等上喷洒洗百健、全清等泡沫型清洗剂，泡沫可以附着在墙壁、栏体、屋顶、料线上，待 10~15 分钟泡沫消除后再冲洗。浸润时关闭风机或者使用最小通风模式，延长浸润作用时间。

（5）冲洗：冲洗前除了风机，其他设备电器必须断电，未彻底干燥前不得私自打开。使用 60℃以上热水，用压力清洗机冲洗，喷头距离地面 20~30 cm。按照从上到下的顺序冲洗，先顶部、墙面，再输料管、栏体、料槽、地面。

（6）清理干燥：依靠自然风干，或者利用风机、加热器（设定室温 28℃）进行烘干。进猪前一天晚上使用二氯异氰脲酸钠熏蒸。12 小时后打开门窗风机通风，清理料槽和水碗中的消毒剂。

第五章 中小猪场的饲养管理要点

近年来，随着市场对猪肉的需求不断增加，大型养猪企业集体布局，现代集团化规模化猪场快速发展，但是中小规模的养猪场仍占据较高的比例。中小规模养猪场也逐渐重视标准化、规范化管理。

一、养殖设施

根据生猪生长阶段的特点，选择保温、隔热、给水、排水、消毒、通风换气、采光照明等设施。圈舍地面和墙壁选用适宜材料，以便清洗消毒。配备有疫苗冷冻（冷藏）设备、消毒和诊疗防疫设备的兽医室。

二、人员管理

中小规模的养猪场应当配备与其养殖规模相适应的执业兽医或者乡村兽医。从事生产和管理的人员应定期进行健康检查，全部取得健康证明，并接受相关的生物安全、生产和管理培训。了解生猪养殖的最新科技知识，并能真正运用到生产实践中。禁止外来人员随意进入养猪场。所有人员进入生产区都要进行沐浴、更衣和消毒。工作人员严格执行专岗专责制度，不同栋舍工作人员严禁互相走动、串岗。猪场做到制度化、流程化和规程化管理，最大限度调动员工的生产积极性。中小规模的养猪场要进行机制激励和绩效考核。

三、养殖档案管理

养殖档案是落实养猪场责任主体和食品可追溯体系建设的重要组成部分，也是畜牧兽医主管部门监督监管的主要内容。中小规模的养猪场应当建立免疫、用药、检疫申报、疫情报告、消毒、无害化处理等制度及养殖档案。档案记录要及时、真实。主要有公猪卡片、公猪采精记录、精液的品质检查记录、配种记录、种猪生长发育记录、母猪卡片、母猪产仔、哺乳记录、保育猪记录、生长育肥猪记录、工作日志、会议记录、生产管理记录、饲料加工使用记录、疾病诊疗记录、消毒记录、用药记录、兽药疫苗采购验收记录、饲料及添加剂采购验收记录、驱虫记录、销售记录、免疫记录、死淘记录等。

四、各阶段猪的饲养管理

严格按照生猪生长发育规律和对营养物质的需要量配制饲料，禁止使用非法饲料添加剂。确保饲料新鲜，选择正规饲料厂家购买。中小规模养猪场应遵循自繁自养和全进全出制度，认真控制好猪舍的温度、湿度、通风、饲养密度等指标，给生猪生长提供一个良好的环境，从而减少疾病的发生。做好生产记录，包括配种、妊检、产仔、哺乳记录、保育猪记录、生长育肥猪记录等。

1. 公猪饲养管理

（1）公猪应独立饲养或建设较高标准的公猪站。

（2）要做好生物安全工作，保证公猪的健康，避免疾病因精液垂直传播。

（3）加强日常饲养管理，给公猪供应高能高蛋白的饲料。

（4）关注温度、通风等饲养环境指标，夏季采用空调、湿帘、喷水等方法降温，避免热应激。

（5）定期检测精液品质，驱赶公猪进行运动，有利于公猪肢体健康和提高精液品质。

2. 断奶母猪及配种管理

（1）母猪断奶当天洗澡，给予充足洁净的饮水，断奶第 2 天至配种前提供优质的哺乳料或妊娠料，可额外适量添加葡萄糖、复合多维等，以有利于断奶母猪恢复体况和排卵。

（2）母猪断奶后可以应用抗生素，防止发生乳房炎。

（3）从母猪断奶前一周开始加强光照。

（4）母猪哺乳期间保持合理失重和背膘损失，配种前适宜背膘厚为16~17 mm。

（5）给母猪使用激素诱情。上、下午各一次母猪查情，每次不低于10分钟。

（6）发情症状：母猪阴门肿胀，由白粉色变为粉红，到深红，到紫红；母猪阴门内常流出黏液；母猪活动频繁，特别是其他猪睡觉时该猪仍站立或走动，不安定，喜欢接近人；发情母猪对公猪敏感，公猪路过，公猪叫声、气味都会引起母猪的反应，表现眼发呆、尾翘起、头向前倾、颈伸直，喜欢接近公猪，性欲高时会主动爬跨其他母猪或公猪。

（7）配种舍温度要适宜，保持安静。

（8）“静立反射”表示母猪接受公猪的程度，这时按压母猪的几个敏感部位，母猪会出现静立不动现象。当“静立反射”出现后，间隔12小时第一次输精，间隔12小时再输精一次。

（9）母猪排卵持续6小时左右，母猪外观发情与排卵并非完全一致，配种有固定时间，所以每一次配种不一定都有很高的配种受胎率。在严格消毒的前提下，增加配种次数有利于增加卵子受精机会。

3. 妊娠母猪管理

（1）母猪怀孕后应饲喂专用的妊娠料，怀孕85天后至分娩可以饲喂哺乳料。注意增加饲料中粗纤维含量，防止母猪过于肥胖。

（2）保证充足洁净的饮水，适当增加母猪运动量，可减少便秘及难产的发生。

（3）28日龄和42日龄进行两次孕检，及时发现空怀母猪，减少流产和淘汰发生率，控制无效生产日。

（4）后备母猪孕期给予特殊照顾。与成年母猪分圈饲养；中期供料比成年母猪多0.25 kg/天；后期加料不可过多，以防胎儿过大造成难产。

4. 母猪哺乳期和哺乳仔猪的饲养管理

（1）给母猪饲喂正规厂家的哺乳料，保证营养充足和泌乳量。产前两天减料，分娩当天可不喂或少量流食，产后 10 天逐渐增加到最大料量，保证充足洁净的饮水。

（2）在哺乳母猪料中加入 10% 葡萄糖和抗菌药物，以补充产仔过程中能量的大量消耗，预防产后感染。

（3）中小规模的养猪场可安排夜间接产人员，及时处理难产等问题，有效减少死胎。或采用同期分娩技术，用激素诱导母猪在白天分娩，方便管理，同样可有效减少死胎。

（4）母猪难产时，多采用注射催产素和人工掏猪两种方法。一般年龄大、体格瘦弱的母猪在产后期出现努责无力，可注射催产素；长时间努责却产不出猪，则可能是胎儿过大或两仔猪挤在一起，或胎位不正，则应采取人工掏猪的方法。人工掏猪对母猪十分不利，易造成产道感染，必须做好手臂和用具的消毒。

（5）母猪哺乳期最适温度为 20~22℃，控制好温度是养好母猪和仔猪的关键措施。仔猪保温箱内初生时为 32~35℃，逐渐降到断奶时的 23~25℃。

（6）仔猪吃奶前对母猪阴部和乳房进行清洗消毒，挤去部分初乳。仔猪出生后体内贮备能量有限，应及早吃上初乳。

（7）仔猪出生后生长很快，注意补料、补水、补铁。在仔猪 2~3 日龄肌肉注射铁制剂，5 日龄训练饮水，7 日龄训练开食。

（8）注重仔猪寄养的时效性、均衡性。

（9）加强产房卫生和消毒，减少仔猪腹泻发生率。

5. 保育、育肥猪的饲养管理

（1）要减少各类应激，尤其是断奶应激。给断奶仔猪提供适宜的生长环境，保育舍温度控制在 20~25℃，给仔猪提供保温箱、垫板、烤灯（或电热板）。随着仔猪抗病能力的增强，按顺序撤掉保温箱、烤灯（或电热板）、垫板。

（2）仔猪断奶后转到保育舍，及时调教，逐渐养成在固定位置排便、睡觉、进食和饮水的习惯。

（3）开口料可饲喂到断奶后一周，饲料过渡要科学合理，可采用 7 天过渡。

（4）疫苗注射前后 3 天可在饮水中添加复合多维。注射疫苗时，可以用一木板将猪挡在一个角落里，注射疫苗比较方便，可以减少抓猪应激。

（5）合理分群，保育猪适宜密度为每头 0.3~0.4 m^2，育肥猪每头 0.8~1.2 m^2。每5头猪至少有一个采食料位，每10~15头猪至少有一个饮水器。

（6）保育、育肥猪舍要保持卫生，注意消毒，给猪提供健康的生活环境。保持猪舍的通风，多采用窗户通风，减少从门通风。

（7）保育、育肥猪容易发生细菌性疾病，采用广谱抗菌药物或几种药物混合使用，拌料或饮水，预防副猪嗜血杆菌、链球菌等引起的细菌性疾病。

6. 后备母猪的管理要点

（1）后备母猪在 80 kg 后需饲喂专用饲料。

（2）母猪 6 月龄时开始诱情，增加光照，促进发情，记录初情期。或采用同期发情技术，提高后备母猪发情率，有效减少无效生产日。

（3）让后备母猪适当运动，有利于发情。

（4）饲料中添加维生素 E、维生素 A 和硒，可以促进后备母猪发情。

（5）后备母猪配种的基本条件：母猪达到 8 月龄，体重 140 kg 以上，在第 2~3 个情期配种。母猪发情两次以上，说明已性成熟，生殖器官已发育成熟，能够怀孕产仔。

五、消毒

一般中小规模的养猪场要求每周进行 1~2 次全场范围消毒，选择不同类型的消毒剂，定期轮换使用，如卫可消毒粉（过硫酸氢钾复合盐）、复方戊二醛等。在使用消毒剂时，要按照生产厂家推荐的浓度进行配比，这样才可能取得较好的消毒效果。记录消毒剂配制和更换情况。场区出入口处配备的消毒池设置排水孔，方便消毒剂排出，并及时定期更换。有条件的养殖场可设置立体消毒车间，对进出车辆、物品等做全方位消毒。车辆及人员出入场区严格执行消毒管理制度，并完整记录。消毒室也要做到全方位消毒，配备喷雾消毒设备。人员进入猪舍前应严格消毒。对病猪停留过的地方和污染的器具，进行彻底消毒。空舍期对猪舍地面、墙面及所有的饲养用具、器械、水线及环境等，进行彻底清理、冲洗和消毒。

六、防疫管理

建立健全卫生防疫制度，有传染病应急预案。设立独立的兽医室，兽医室具备正常开展临床诊疗和采样的条件，兽医诊疗与用药记录保存完整。有完整的病死猪剖检记录和剖检场所消毒记录。记录猪的发病过程，分析总结阶段性疫病流行规律和猪群的健康状态。要做好平时的预防保健工作，制定适合本场的免疫接种计划。合理选择正规厂家的疫苗产品，严格按照计划免疫接种并完整记录。重点做好猪繁殖与呼吸综合征、猪瘟、猪伪狂犬病、猪圆环病毒病、口蹄疫、猪细小病毒病等的免疫工作。

七、抗生素等药物的使用

中小规模养猪场发生细菌性疾病时，最好做药敏试验，选择针对性强的抗生素。按照抗生素的使用剂量使用，禁止随意加大剂量和滥用抗生素。选择抗菌肽和噬菌体等生物制剂，防治细菌性疾病。不使用国家明令禁止的药物，在生猪上市前保证休药期的长短。在一些传染病的多发季和流行期，或者在猪生长的特定阶段，要做好药物保健工作，尽可能避免并发症和继发症。选择长效抗生素、抗病毒制剂、微生态制剂等进行保健，提高猪体的免疫力和抗病力。

第六章
猪的营养与饲料

一、猪饲料的养分

猪饲料是指能提供猪所需养分，保证猪健康，促进猪生长和生产，且在合理使用下没有有害作用的可饲物质。饲料中能够被猪利用，以维持生命或长肉、妊娠、产奶等的一切化学物质，叫养分，又称营养物质或营养素。饲料中的糖类、脂类、蛋白质、维生素、无机盐、水和膳食纤维和氧气，在猪体内经过新陈代谢，维持猪的能量、物质循环和生理机能，是猪生命活动的物质基础。

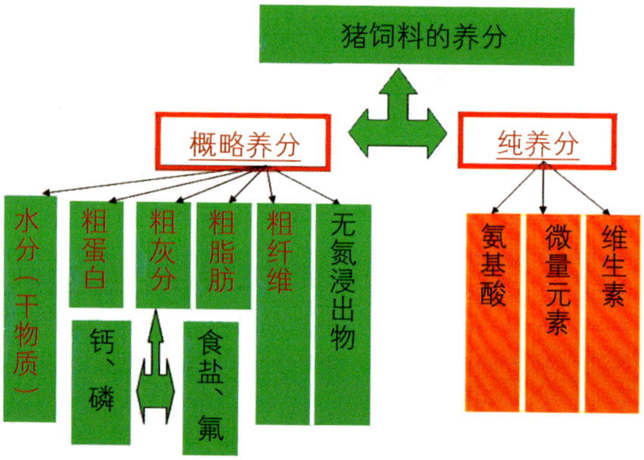

1. 饲料和猪体内的概略养分

猪自身所需的营养物质全部来自饲料，因此，饲料中的营养成分和猪所需要的营养成分是完全对应的。饲料中的养分包括水分、粗灰分（CA）、粗蛋白质（CP）、粗脂肪（EE）、粗纤维（CF）和无氮浸出物（NFE）六大类。水是猪机体最重要的营养物质之一，猪体水分随年龄的增长而下降。粗灰分是猪体和饲料中所有物质全部氧化后剩余的残渣，主要为矿物质氧化物或盐类等无机物质，能给猪提供常量矿质元素钙、磷、钾、钠、氯、镁、硫和微量矿质元素铁、铜、锌、锰、硒、碘等。粗蛋白是指猪体和饲料中一切含氮物质的总称。粗脂肪是指猪体和饲料中脂溶性物质的总称，包括真脂肪和类脂两类。粗纤维是植物细胞壁的主要成分，包括纤维素、半纤维素、木质素多缩戊糖及角质等成分，植物越老含量越多。不同阶段猪对粗纤维的利用和耐受程度不同，教槽料粗纤维≤ 2.5%，保育料粗纤维≤ 3%，生长猪饲料粗纤维≤ 5%，育肥猪饲料粗纤维≤ 8%，空怀母猪和怀孕母猪饲料粗纤维≤ 12%，泌乳母猪和公猪饲料粗纤维≤ 7%。无氮浸出物指的是可溶性的碳水化合物，主要包括易被猪利用的单糖、双糖、淀粉等。常规饲料中的无氮浸出物含量只能通过计算得出，是除去水、灰分、粗蛋白、粗脂肪和粗纤维后有机物质的总称。

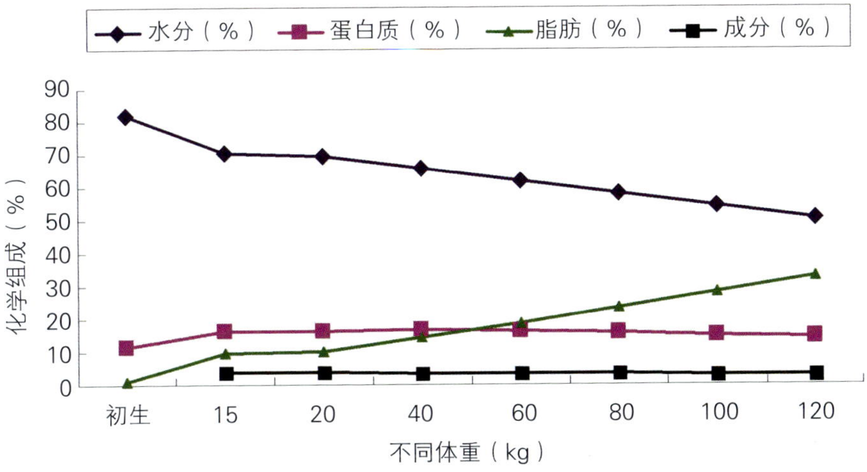

猪总体成分的变化规律

2. 饲料和猪体内的纯养分

饲料和猪体的纯养分包括矿质元素、维生素和氨基酸。猪体组织中含有27 种猪必需的矿质元素。猪体每千克活重大于 100 mg 的称为常量元素，包括钙、磷、钾、钠、氯、镁、硫等；小于 100 mg 的称为微量元素，包括铁、铜、锰、锌、钴、碘、硒和铬等 11 种。

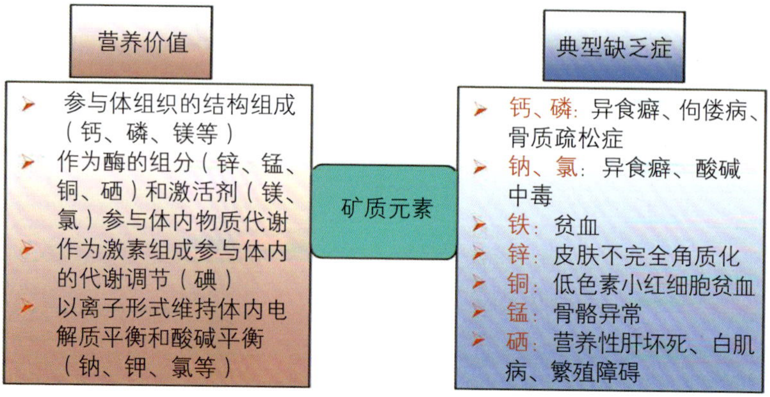

矿质元素的营养价值和典型缺乏症

维生素是动物代谢所需且需要量极少的，具有高度生物学活性的低分子有机化合物。脂溶性维生素包括维生素 A、维生素 D、维生素 E 和维生素 K，水溶性维生素包括维生素 B_1、B_2、B_6、B_{12}，烟酸，泛酸，生物素，叶酸，胆碱和维生素 C。

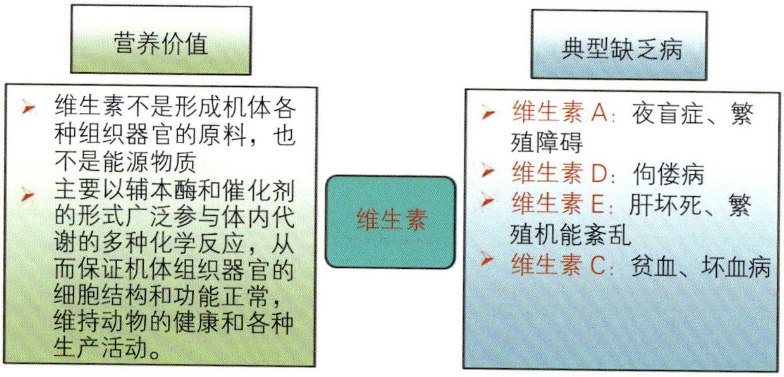

维生素的营养价值和典型缺乏症

氨基酸是蛋白质的基本单位，是猪吸收利用蛋白质的主要形式。饲料蛋白质由 20 种氨基酸组成，包括必需氨基酸和非必需氨基酸。必需氨基酸指猪体不能合成或合成数量与速度不能满足需要，必须由饲料供给的氨基酸。生长猪的必需氨基酸有赖氨酸、蛋氨酸、色氨酸、组氨酸、精氨酸、亮氨酸、异亮氨酸、缬氨酸、苯丙氨酸和苏氨酸等 10 种，成年猪的必需氨基酸有赖氨酸、蛋氨酸、色氨酸、亮氨酸、异亮氨酸、缬氨酸、苯丙氨酸和苏氨酸等 8 种。非必需氨基酸指猪体内的合成速度和数量完全可以满足需要，可不由饲粮提供的氨基酸。

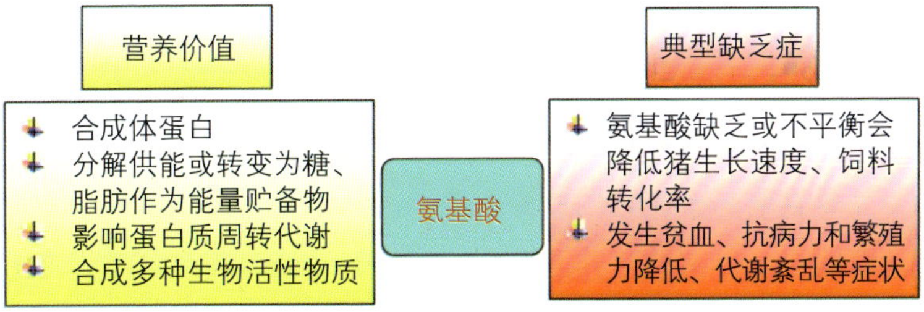

氨基酸的营养价值和典型缺乏症

二、教槽料

教槽料俗称代乳料或人工乳，是一种代替全乳，为哺乳期及刚断奶乳猪配制的专用饲料，其主要原料是乳业副产品及适口性好、熟化率高、抗营养因子少、消化率高的高档代乳料。使用教槽料主要是为了让乳猪逐步适应植物性饲料，刺激胃肠道等消化器官的发育，建立胃肠道菌群，为后期生长获得较高采食量和最大日增重做准备。

1. 哺乳仔猪的生理特点

在设计哺乳仔猪日粮配方时，要充分了解仔猪在营养消化吸收的特点，选择易消化吸收的饲料原料。

（1）仔猪生长发育快，新陈代谢旺盛。初生仔猪的体重比较小，只有 1.5 kg，为成年猪体重的 1%。21 日龄时断奶体重可达到 6~8 kg，接近成年猪体重的 10%。哺乳仔猪生长速度快，新陈代谢旺盛，对养分需求也高，尤其是蛋白质和钙磷的代谢要远高于成年猪。

（2）仔猪消化器官不发达，消化吸收机制不完善。哺乳仔猪胃肠发育不完善，容积小，胃液和肠液等消化液分泌不足，不能建立稳定的消化吸收机制。固体饲料直接刺激胃肠壁，能促进消化液的分泌，因此，给哺乳仔猪及早补饲教槽料对仔猪消化器官发育非常重要。

（3）仔猪缺乏先天免疫力。初生仔猪先天免疫力差，自身不存在抗体，在出生后 24 小时内获得足够的初乳极为重要。随着日龄的增加，仔猪从母乳中获得的免疫球蛋白水平会随之降低，在 21 日龄体内免疫球蛋白水平最低，仔猪会出现下痢。因此，哺乳仔猪需进行提前补饲，使机体获取充足的营养物质，合成免疫时所需的抗体蛋白。

（4）仔猪体温调节能力差。初生仔猪毛发发育不全，皮下脂肪较薄，保温性能差。哺乳仔猪大脑皮层的体温调节中枢发育不完善，自身糖原和脂肪贮存少，对温度的适应和调节能力较差。冬季要注意哺乳仔猪的保暖，防止应激。根据哺乳仔猪的营养需求配制教槽料（开口料），重点考虑饲料的适口性和消化率，忽略原料价格问题。

2. 哺乳仔猪的营养需要和原料选择

初生仔猪能量来源主要由母乳提供，但随着日龄增加，母乳已不能满足需求，需要补料。鉴于哺乳仔猪消化器官尚未发育完善，因此，要选择适口性和消化性好的能量饲料。谷实类饲料是配制仔猪日粮的常用能量原料，如膨化玉米疏松多孔、结构均匀、质地柔软，具有爆米花香。不仅色、香、味俱佳，而且提高了营养价值和消化率，尤其能很好地改善哺乳仔猪的断奶应激问题，是优质能量饲料。乳清粉除含有高消化率的乳糖和乳清蛋白，亦含有白蛋白和球蛋白（血清蛋白），特别是免疫球蛋白能对抗大肠杆菌。乳清粉中亦含有未知生长因子，是仔猪绝佳的能量饲料。一般断奶过渡日粮用量为 15%~20%。哺乳仔猪对日粮能量浓度要求高，脂肪的能值是碳水化合物和蛋白质的 2 倍多。哺乳仔猪日粮中添加适量脂肪，不仅能提高日粮的适口性，便于饲料制粒，而且可以保证仔猪能量的充足供给，有利于脂溶性维生素（维生素 A、维生素 D、维生素 E、维生素 K）的消化、吸收和利用。此外，葡萄糖和白糖也常常用作哺乳仔猪教槽料的能量补充原料。

膨化玉米

低蛋白乳清粉

葡萄糖

中蛋白乳清粉

哺乳仔猪消化系统发育尚未完善，胃肠功能尚未成熟，需要易消化、生物学效价高的蛋白质原料。在配制教槽料时应注意氨基酸的配比，赖氨酸占日粮的 1.5%，蛋氨酸 + 胱氨酸为赖氨酸的 55%，苏氨酸为赖氨酸的 60%。哺乳仔猪日粮的优质蛋白质原料有乳制品、膨化大豆、鱼粉、血浆蛋白粉和发酵豆粕等。乳制品是早期断奶仔猪最早使用的蛋白质原料，主要有脱脂奶粉和全脂奶粉等。在仔猪教槽料中，一般脱脂奶粉的添加量在 3%~5%。膨化全脂大豆可以替代一部分豆粕和豆油，防止仔猪腹泻，改善适口性，提高仔猪生长速度。哺乳仔猪日粮中常用发酵豆粕替代鱼粉，教槽料中发酵豆粕占比为 10%~25%。大豆浓缩蛋白消化吸收率高、抗营养因子含量极低、味道中性，特别适用于哺乳仔猪。鱼粉含有促生长的未知因子，可刺激动物生长发育，这主要是满足哺乳仔猪限制性氨基酸赖氨酸和胱氨酸的结果。因此，仔猪教槽饲料中最少要使用 5% 优质鱼粉。

大豆浓缩蛋白

膨化大豆粉

仔猪出生后新陈代谢旺盛，研究发现，仔猪每增重 1 kg，需要钙 7.9 g，需要磷 4~5 g。配制仔猪教槽料时，要保证钙磷水平完全满足仔猪的生长发育需要。

饲料级磷酸氢钙

饲料级氯化钠

由于仔猪生长较快，母乳中的微量元素不能满足仔猪的生长需求，其中与仔猪生长最密切的微量元素是铁、铜和硒。还有锰、锌、钴和碘，一般以有机络（螯）合物的型式添加。

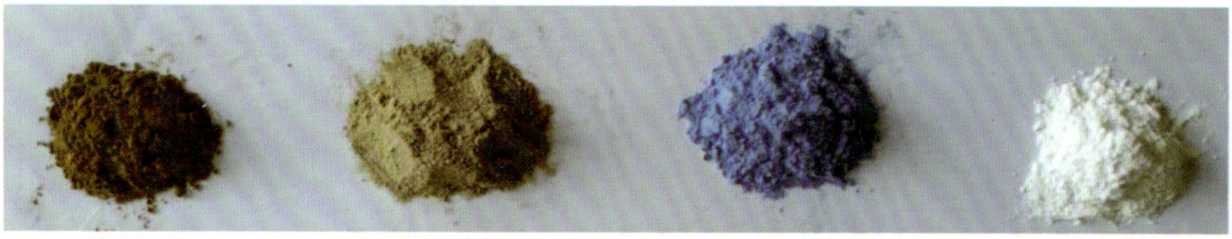

蛋氨酸铁　　蛋氨酸锰　　蛋氨酸铜　　蛋氨酸锌

甘氨酸铁　　甘氨酸锰　　甘氨酸铜　　甘氨酸锌

教槽料含有足量的维生素，可以显著改善生长，仔猪常用维生素 A 乙酸酯、维生素 A 棕榈酸酯、β－胡萝卜素、盐酸硫胺（维生素 B_1）、硝酸硫胺（维生素 B_1）、核黄素（维生素 B_2）、盐酸吡哆醇（维生素 B_6）、氰钴胺（维生素 B_{12}）、L- 抗坏血酸（维生素 C）、L- 抗坏血酸钙、L- 抗坏血酸钠、L- 抗坏血酸 -2- 磷酸酯、L- 抗坏血酸 -6- 棕榈酸酯、维生素 D_2、维生素 D_3、α－生育酚（维生素 E）、α－生育酚乙酸酯、亚硫酸氢钠甲萘醌（维生素

K_3）、二甲基嘧啶亚硫酸甲萘醌、亚硫酸氢烟酰胺甲萘醌、烟酸、烟酰胺、D-泛醇、D-泛酸钙、DL-泛酸钙、叶酸、D-生物素、氯化胆碱、肌醇、L-肉碱、L-肉碱盐酸盐等。

维生素 D_3

维生素 E

维生素 B_2

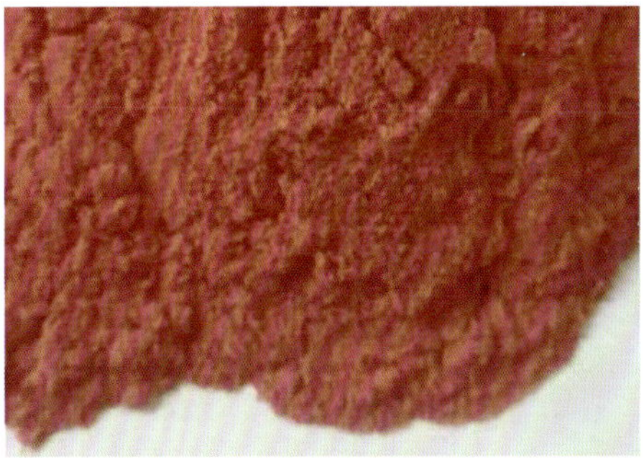

维生素 B_{12}

仔猪消化系统发育不完善，添加酶制剂可以补充内源酶分泌不足，提高饲料消化率，尤其是复合酶制剂（蛋白酶、脂肪酶、淀粉酶、木聚糖酶和纤维素酶）要比单一酶制剂效果好。微生态制剂具有调整仔猪肠道微生物平衡、抑菌防病的功效，不仅能提高日增重，还能增强仔猪自身免疫力，降低腹泻和发病率。

植酸酶

乳化磷脂粉

3. 配方示例

4% 预混料中包括哺乳仔猪所需要的赖氨酸、蛋氨酸、苏氨酸、磷酸氢钙、石粉、食盐、维生素、微量元素及酸制剂等非营养添加剂，其他营养水平均满足或超过中国瘦肉型猪饲养标准（NY/T 65–2004），仅供参考。

全脂大豆 + 发酵豆粕 + 乳清粉 + 秘鲁鱼粉 + 血浆蛋白粉教槽料配方示例（%）

配方	配方 1	配方 2	配方 3	配方 4
膨化玉米	57	58	59	60
膨化全脂大豆	17	16	15	14
发酵豆粕	5	5	5	5
乳清粉	5	5	5	5
秘鲁鱼粉	2	2	2	2
血浆蛋白粉	10	10	10	10
预混料	4	4	4	4
合计	100	100	100	100
消化能（MJ/kg）	14.52	14.51	14.49	14.48
粗蛋白	20.96	20.67	20.41	20.15

全脂大豆 + 发酵豆粕 + 乳清粉教槽料配方示例（%）

配方	配方 1	配方 2	配方 3	配方 4
膨化玉米	54	56	58	59
全膨化全脂大豆	16.5	17	16.5	17.5
发酵豆粕	9.5	7.5	6	4.5
乳清粉	6	5.5	5.5	5.5
血浆蛋白粉	10	10	10	9.5
预混料	4	4	4	4
合计	100	100	100	100
消化能（MJ/kg）	14.73	14.73	14.72	14.71
粗蛋白	20.96	20.67	20.41	20.15

教槽料——粉料

教槽料——破碎颗粒料

三、保育猪料

当前集约化养殖中，大都采用早期断奶技术，保育仔猪由母乳转到采食全价固体饲料。保育就是预防控制早期断奶给仔猪带来的生长抑制和腹泻等疾病，使仔猪顺利过渡到生长肥育阶段。

1. 保育猪的生理特点

保育猪又叫断奶仔猪，是指哺乳仔猪从断奶后离开产房开始，在保育舍内饲养到转出保育舍为止。21 日龄或 28 日龄断奶到 70 日龄阶段为仔猪的保育期。保育猪具有生长发育快、易感疾病和抗寒能力差的生理特点，面临断奶应激的挑战。

（1）生长发育快，新陈代谢旺盛。哺乳仔猪的教槽料时期日增重仅为 250 g 左右，而保育期仔猪日增重达到 440~610 g。保育阶段仔猪，要从体重 8 kg 长到 35 kg，40 天体重增长 4 倍多。尽管此时的仔猪采食量不到成年猪的 1/3，但是每天的蛋白质摄入量为成年猪的 2 倍，饲粮中钙和磷的水平为成年猪的 1.5 倍。

（2）消化器官发育不完善，消化吸收能力较弱。初生仔猪胃底腺不发达，不能分泌盐酸，一般在 20 日龄开始有少量的游离盐酸出现，由于缺乏游离盐酸，胃蛋白酶也没有活性。仔猪出生时胃蛋白酶活性仅为成年猪的 1/4~1/3，8 周龄后胃蛋白酶的数量和活性才快速增加，胰蛋白酶分泌量在 3~4 周迅速增加。随着仔猪增长，断奶时肠腺和胰腺发育比较完全，胰蛋白酶和肠淀粉酶活性较高，补饲食物主要在小肠内消化。

（3）缺乏先天免疫力，疾病易感性高。仔猪出生时没有先天免疫力，自身也不能产生抗体。只有吃到初乳以后，靠初乳中的免疫球蛋白把母体的抗体传递给仔猪，仔猪 1 周后慢慢过渡到自产抗体而获得免疫力。但主动免疫没有建立完善，易感胃肠炎、圆环病毒病等病。再加上仔猪生长速度快，物质代谢旺盛，生长应激使得仔猪对养分的数量和质量要求高。

（4）体温调节能力差，抗寒能力弱。保育猪大脑皮层发育还不健全，通过神经系统调节体温的能力差。保育猪要离开温暖的产房和母猪的怀抱，再加上转群应激和环境应激，易感冒、发热。因此，要高度重视保育期的猪舍内温度。

要尽快恢复仔猪的正常生长速度，弥补断奶应激损失，必须通过增加断奶猪饲料的投喂，改善饲养条件加以解决。

2. 保育猪的营养需要和原料选择

仔猪断奶后，营养物质的来源由母乳全部转为全价配合饲料（保育料）。保育仔猪的消化系统正处于发育阶段，尚未成熟，消化酶的种类和含量还处于较低水平，外加胃酸分泌较少，采食后的饲料蛋白质和碳水化合物很难完全被消化，易导致腹泻。保育期仔猪饲料应优先考虑能量，而不应过分强调蛋白质的功能。

保育前期为能量饲料，包括膨化玉米、乳清粉、蔗糖、葡萄糖和豆油等。另外，脂肪的能量高，可适量添加到日粮中，在满足必须脂肪酸需求的同时，又能提高饲料的适口性，有利于脂溶性维生素的消化吸收。普通玉米、小麦和次粉也常用作保育后期仔猪能量饲料。

次粉

小麦麸

选择消化吸收好、氨基酸搭配平衡、加工处理好的优质蛋白质饲料，对保育前期和保育后期猪只的健康生长尤为重要。膨化大豆、鱼粉、血浆、蛋白粉等为优质的蛋白原料，但考虑到成本和我国蛋白质饲料资源现状，优质的普通豆粕和发酵豆粕也可以用到仔猪的日粮中。普通豆粕含有大豆寡糖、大豆抗原和胰蛋白酶抑制因子等，仔猪采食过多有可能引起下痢，在保育前期料中用量应控制在 15% 以内，使用脱皮膨化或发酵大豆粕效果更好。

普通豆粕——46% 粗蛋白

发酵豆粕——49% 粗蛋白

国产豆粕——47% 粗蛋白

印度豆粕——47% 粗蛋白

俗话说：“小猪长骨，中猪长肉，大猪长油”，精辟总结了猪的生长发育规律，要长膘、先长骨，仔猪在保育期要长好骨架，为后期的生长育肥沉积蛋白质和脂肪打下基础。保育阶段是仔猪骨骼发育的第二大黄金期，骨骼生长快，所需的钙磷水平和比例要重点考虑。保育前期饲粮钙水平是成年猪的 1.5 倍，磷水平是成年猪的 2 倍多。有机微量元素稳定性好、吸收利用率高、作用效果显著等，在仔猪保育料中以有机酸盐或者有机络（螯）合物型式添加。如柠檬酸亚铁、富马酸亚铁、乳酸亚铁，有机络（螯）所含微量元素同教槽料。

石粉

硫酸铜

1% 碘化钾

碘酸钙

保育期仔猪生长发育迅速，对蛋白质、脂肪、碳水化合物的代谢旺盛所需维生素量较大，必须补加复合维生素。

D- 泛酸钙

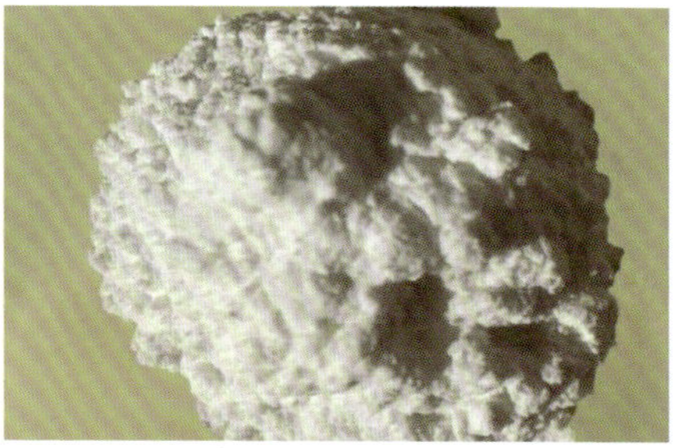

维生素 B_1

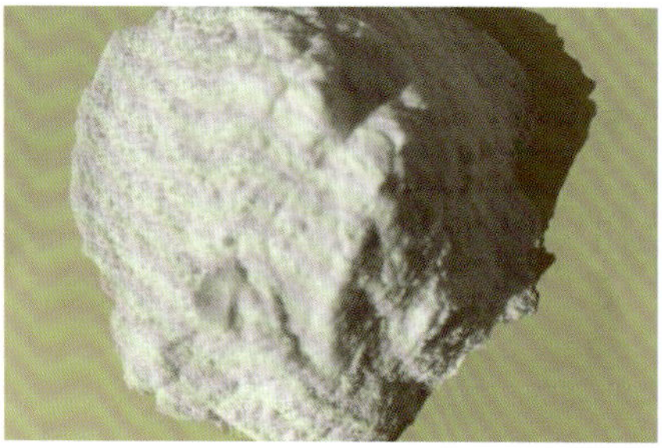

维生素 K

叶酸

对于保育期仔猪，首先要满足维生素、微量元素和氨基酸等营养性添加剂的需要。对于玉米—大豆—鱼粉传统饲料，仔猪的第一限制性氨基酸是赖氨酸，其次是苏氨酸、色氨酸和蛋氨酸，教槽料和保育料需要补充这 4 种氨基酸。教槽料添加的酸化剂、酶制剂和微生态制剂，能起到长期刺激和维持消化器官发育的作用。

98.5% 赖氨酸

DL– 蛋氨酸

L– 色氨酸

苏氨酸

3. 保育猪料的设计特点

采用三阶段设计仔猪日粮配方。第一阶段是仔猪从断奶（8 kg）到体重 10 kg，采用教槽料，让仔猪顺利过渡到保育料阶段。第二阶段是仔猪体重 10~20 kg，换成仔猪保育料，日粮仍需维持高营养浓度、高适口性、高消化率，可降低乳制品含量，增加豆粕等，限制常规豆粕，使用去皮发酵豆粕和膨化大豆等替代。第三阶段是仔猪体重 20~35 kg，此时仔猪消化系统已日趋完备，消化能力加强，原料不用乳制品和动物蛋白（鱼粉等），而用去皮普通豆粕、膨化大豆等代替。

保育前期料

保育后期料

4. 配方示例

4% 预混料中包括保育前期仔猪所需要的赖氨酸、蛋氨酸、苏氨酸、磷酸氢钙、石粉、食盐、维生素、微量元素及酸制剂等非营养添加剂，其他营养水平均满足或超过中国瘦肉型猪饲养标准（NY/T 65–2004），仅供参考。

全脂大豆 + 发酵豆粕 + 乳清粉 + 血浆蛋白粉保育前期配方示例（%）

配方	配方 1	配方 2	配方 3	配方 4
玉米	48.9	46.4	47.9	45.4
小麦	12.6	13.1	13.6	14.1
乳清粉	5	7	5	7
蔗糖	3	3	3	3
膨化大豆	3	3	3	3
发酵豆粕	7	7.5	8	8
去皮豆粕	8.5	8	7.5	7.5
血浆蛋白粉	6	6	6	6
鱼粉	2	2	2	2
预混料	4	4	4	4
合计	100	100	100	100
消化能（MJ/kg）	14.12	14.14	14.14	14.14
粗蛋白	18.23	18.14	17.92	17.99

全脂大豆 + 发酵豆粕 + 去皮豆粕 + 鱼粉保育后期配方示例（%）

配方	配方 1	配方 2	配方 3	配方 4
玉米	68	67.5	67	66.5
膨化全脂大豆	6	6	6	6
发酵豆粕	3.5	3.5	3.5	3.5
去皮豆粕（46%）	16.5	17	17.5	18
秘鲁鱼粉	2	2	2	2
预混料	4	4	4	4
合计	100	100	100	100
消化能（MJ/kg）	14.15	14.16	14.16	14.16
粗蛋白	17.81	18.00	18.20	18.39

四、生长猪料

生长猪是指保育期结束的仔猪（35 kg），转入生长猪舍饲养，体重达 60 kg 为生长猪。生长猪已经完全适应了独立的生长环境，消化系统已基本发育完善，消化功能已接近成年猪。猪的进食量开始增加，骨骼组织继续迅速增长，肌肉组织最强生长。生长猪料要保证含有充足的能量、蛋白质、钙、磷，以及其他矿质元素和维生素，满足骨骼和肌肉的快速增长。

1. 生长猪的生理特点

生长猪对养分消化利用率高，对饲料的适应性强。生长猪的骨骼组织和瘦肉组织快速生长，必须供给钙磷平衡和蛋白质含量丰富的优质饲料，为后期育肥打好基础。

（1）生长猪具有相对发达的消化系统，但对粗纤维消化率较低，因此，猪饲料中要控制粗纤维的含量，以免降低其他营养物质的消化率。一般成年猪进食后 18~24 小时排便。

（2）生长猪骨骼系统继续生长，骨架拉伸，完成体尺和体高的增长，因此，要供给高质量、钙磷均衡的饲料。

（3）2~6 月龄猪肌肉组织生长最快，体重 50 kg 时肌肉的生长强度达到峰值。生长猪生长速度快，平均日增重 600~700 g。因此，仔猪生长前期注意提供优质蛋白质饲料。生长中后期仔猪消化系统发育完善，消化能力强，采食量大，各种饼粕和副产品等蛋白质饲料都可以搭配使用。

2. 生长猪的营养需要和原料选择

生长猪的消化系统已日趋完善，可充分利用多种能量饲料，包括谷实类、糠麸类、块根块茎类、优质粗饲料和青贮饲料。近年来，随着国家粮改饲政策的推进，全株青贮玉米得到了大力推广与应用。谷实类包括玉米、大麦、小麦、燕麦、稻谷、高粱等，都可作为生长猪的能量饲料。糠麸类饲料主要有米糠、小麦麸、大麦麸、玉米皮、高粱麸和谷糠等。全株青贮玉米是将乳熟期的玉米全株收割，留茬 40 cm 左右，铡碎至 1~2 cm，添加复合菌厌氧发酵，密封 4 周以上后 pH 稳定在 3.8~4.0。该饲料具有青绿、多汁、适口性好、易被消化、粗纤维的含量较低且维生素含量丰富的特点，属于青绿饲料。乳熟期青贮全株玉米可用作生长猪的能量饲料，适宜使用比例为 20%~30%。

乳熟期玉米

乳熟期全株青贮玉米

饼粕类、糟渣类、动物性蛋白饲料等，都可以作为生长猪的蛋白质补充料。检测原料中的抗营养因子和有毒物质，以免影响饲料的适口性、养分利用率和猪只的正常生长发育。

生长猪机体骨骼组织处于快速生长期，石灰石粉是猪常用的补钙饲料原料，饲料级碳酸钙含 Ca 39.2%。生长育肥猪饲料添加的微量元素主要有铁、铜、锰、锌、钴、硒、碘，为了降低成本，一般以复合无机矿物盐或

棉籽粕

菜籽粕

氧化物的型式添加。常用化合物有硫酸亚铁、氧化铁、硫酸铜、硫酸锌、氧化锌、氧化锰、硫酸锰、氯化钴、亚硒酸钠、硒酸钠、碘化钾、碘酸钾、碘酸钙等。

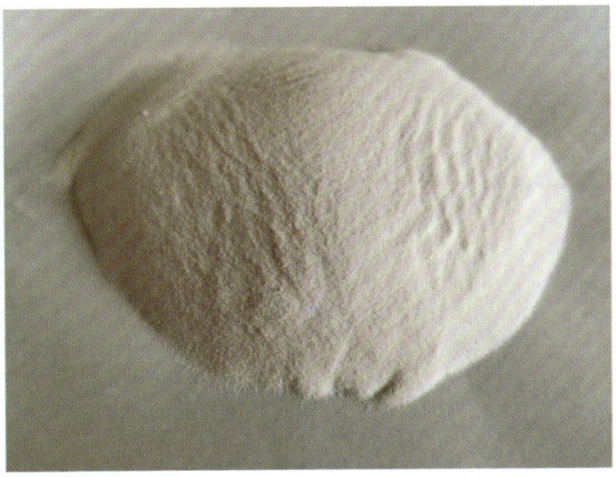

硫酸锰

硫酸亚铁

生长猪饲料中须包含充足的脂溶性和水溶性维生素。

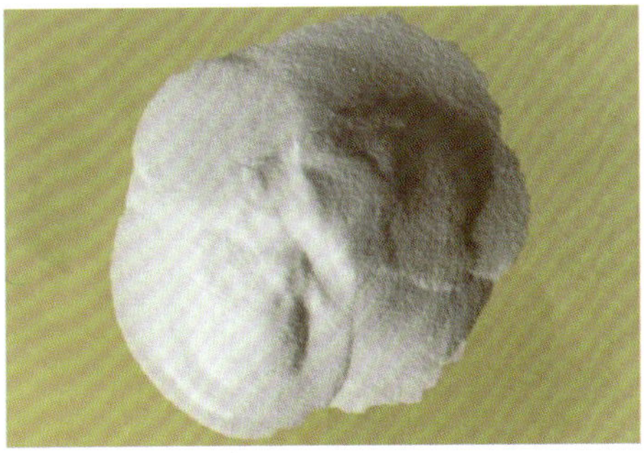

D- 生物素

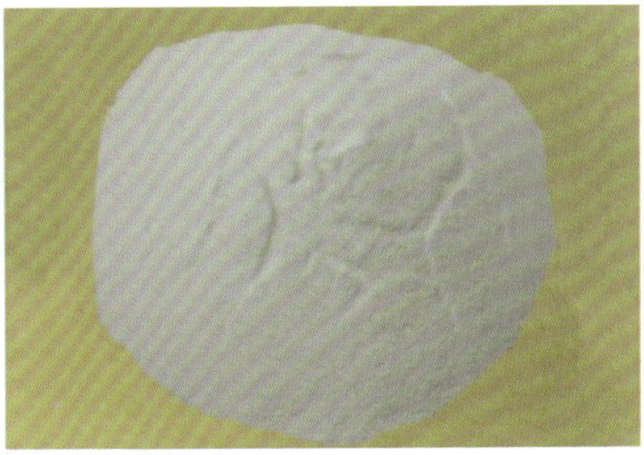

烟酰胺

在生长猪饲料配方中，可以选择一定量的非常规原料，尤其生长中后期，以降低饲料成本。根据饲料组成选择合适的酶制剂，来提高饲料的利用率。淀粉酶和支链淀粉酶适用于青贮玉米、玉米、豆粕、小麦、次粉、大麦、高粱和燕麦饲料；β－半乳糖苷酶适用于豆粕饲料；纤维素酶适用于玉米、大麦、小麦、麦麸、黑麦和高粱饲料；β－葡聚糖酶适用于小麦、大麦、菜籽粕、小麦副产物、去壳燕和高粱；脂肪酶适用于动物或植物源性油脂或脂肪饲料；甘露聚糖酶适用于玉米和豆粕饲料；果胶酶适用于玉米和小麦饲料；植酸酶适用于玉米、豆粕和植物副产物饲料；蛋白酶适用于植物和动物蛋白饲料；木聚糖酶适用于玉米、大麦、黑麦、小麦、高粱和燕麦饲料。在无抗生素添加的饲料中，可酌情选择中草药添加剂，如大蒜、艾粉、松针粉、芒硝、党参叶、麦饭石、野山楂、橘皮粉、刺五加、苍术、益母草等。

3. 生长猪料的设计特点

（1）根据生长猪的生理特点和机体组织变化规律，分配阶段配制生长猪饲料。体重 35~45 kg 生长猪的消化系统功能尚不完善，不能消化一些非常规饲料。因此，生长猪前期需要优质、易于消化吸收的饲料。生长后期体重 45~60 kg 的猪，其机体各系统日趋完善，对饲料的利用率提高，可以利用一些非常规饲料原料来降低成本。

（2）根据生长猪的营养需要，因地制宜选择原料。依据实际每日氨基酸的摄入量设计生长猪日粮，补充第一、第二和第三限制性氨基酸（赖氨酸、蛋氨酸和色氨酸），可降低 1%~2% 粗蛋白质水平。生长猪对钙、磷的需要量较大，钙：磷为 1.2 ：1。如果需要肉猪快速出栏，配制的饲料应以精料为主，不要搭配青粗饲料。因为加入青绿或粗饲料会降低饲粮营养浓度，延长猪的生长周期，增加饲料量，从而增加饲养成本。

4. 配方示例

4% 预混料中包括育肥猪所需要的赖氨酸、蛋氨酸、苏氨酸、磷酸氢钙、石粉、食盐、维生素、微量元素及酸制剂等非营养添加剂，其他营养水平均满足或超过中国瘦肉型猪饲养标准（NY/T 65–2004），仅供参考。

豆粕 + 麸皮生长猪配方示例（%）

配方	配方 1	配方 2	配方 3	配方 4
玉米	65.00	64.00	63.50	63.00
豆粕（43%）	19.00	19.50	19.00	18.50
麸皮	12.00	12.50	13.50	14.50
预混料	4.00	4.00	4.00	4.00
合计	100	100.00	100	100
消化能（MJ/kg）	13.41	13.39	13.33	13.28
粗蛋白	16.02	16.22	16.12	16.01

豆粕 +DDGS+ 麸皮生长猪配方示例（%）

配方	配方 1	配方 2	配方 3	配方 4
玉米	60.50	61.50	61.00	60.5
豆粕（43%）	17.00	15.50	15.30	14.50
DDGS	5.00	6.00	7.00	8.50
麸皮	13.00	12.70	12.40	12.20
大豆油	0.50	0.30	0.30	0.30
预混料	4.00	4.00	4.00	4.00
合计	100	100.00	100	100
消化能（MJ/kg）	13.44	13.4	13.41	13.41
粗蛋白	16.27	15.94	16.03	16.02

全株青贮玉米生长猪配方示例（%）

配方	配方 1	配方 2	配方 3	配方 4
鲜全株青贮玉米	0.00	20.00	30.00	40.00
风干全株青贮玉米	0.00	6.20	9.30	12.40
玉米	69.25	63.71	63.98	57.44
小麦麸	5.00	3.00	1.50	0.00
豆粕	23.00	23.50	20.20	24.80
大豆油	0.00	0.80	2.00	2.50
预混料	2.75	2.79	3.02	2.86
总计	100	100	100	100
消化能（MJ/kg）	13.57	13.33	13.37	13.33
粗蛋白	16.35	16.28	16.35	16.35

五、育肥猪料

猪体重 60 kg 至出栏为育肥阶段，一般育肥猪 90~120 kg 屠宰。猪体重不足 90 kg，虽然饲料利用率高，但出肉率低，不划算。猪体重超过 90 kg，日增重明显减慢，以脂肪沉积为主，不划算。但是，优质的三元或五元杂交猪，体重 110 kg 以上才能生产出优质猪肉。当育肥猪采食量逐渐减少时，说明已经肥满。正常的育肥猪粪便是筒状的，如果育肥猪的粪便直径逐渐变小，说明其消化道已经积满了脂肪，这也是育肥猪该出栏的标志。

1. 育肥猪的生理特点

（1）各器官发育完善，适应能力强。育肥猪的消化系统已经完全发育成熟，对养分消化利用率高，对饲料的适应性强。育肥猪生产的目的，就是用较短时间和较少花费，获得较快的增重速度和较理想肉质。因此，育肥猪几乎能够利用所有八大类饲料，要通过营养调控，最大限度地提高育肥猪的饲料转换效率、出栏率和商品率，增加经济效益。

（2）育肥猪快速沉积脂肪。瘦肉型猪体重 60~100 kg 是脂肪沉积的快速期。这一阶段猪的骨骼已发育完全，肌肉生长速度缓慢，脂肪的沉积速度较为旺盛。

2. 育肥猪的营养需要和原料选择

育肥期猪对任何饲料的消化能力都达到最高，骨骼发育已经定型，脂肪生长加速，每千克增重需要的能量增高，要保证碳水化合物的供应，饲粮中添加能量较高的谷物及加工副产品，使猪达到高效育肥。一般猪能量的摄入量越高，增重的速度越快，饲料利用率也就越高，脂肪的沉积量也相应的增加，但是瘦肉率则会降低，胴体的品质变差。常用能量饲料包括谷实类、糠麸类、糟渣类和全株青贮玉米等。在符合饲料卫生标准的前提下，育肥猪可以大量使用非常规能量饲料，以降低成本。

育肥猪骨骼发育已经定型，对钙、磷等需求量降低，对矿物质饲料品质要求较低，选择无机盐或者氧化物即可。

育肥猪日粮常用的维生素添加剂种类同哺乳仔猪。

50% 氯化胆碱

维生素 C

根据日粮原料组成特性，选择适宜的添加剂。一般非常规蛋白质饲料氨基酸不平衡，根据日粮营养水平和饲料中氨基酸的含量，缺什么补什么。非常规能量饲料非淀粉多糖含量较高，添加单一或复合酶制剂。

3. 育肥猪料的配方特点

（1）确保育肥猪脂肪的沉积数量和质量。在保证饲料能量水平的同时，平衡可消化碳水化合物和结构性碳水化合物的比例，同时添加合适的酶制剂，降解非淀粉多糖等结构性碳水化合物。育肥猪日粮粗纤维含量低于 8%。能量过高，又会导致胴体品质降低。育肥猪后期饲粮中如玉米、米糠等含脂量高的饲料过多，因其脂肪中不饱和脂肪酸含量高，被猪体吸收后，未经氢化就直接转变成体脂肪，猪体脂肪中含不饱和脂肪酸就多，导致软脂肉。软脂肉易酸败变质，不宜贮藏和加工。

（2）利用低蛋白日粮技术实现降低成本。根据蛋白质氨基酸营养平衡理论，低蛋白日粮技术是指通过添加限制性氨基酸，降低日粮蛋白质水平，降低氮排泄的日粮配制技术。保持饲料能量不变，降低豆粕等蛋白质饲料的用量，降低日粮蛋白质水平，利用氨基酸、维生素和微量元素平衡技术，提高蛋白质利用率，保持机体营养平衡，实现低蛋白日粮饲养，在不影响生长的前提下降低成本。利用复合酶制剂和复合益生菌，菌酶协同，将蛋白质饲料原料进行体外预消化和体内助消化，在猪体外降低或消除饲料中抗营养因子的负面影响，提高蛋白质饲料的利用率，这也是发酵饲料应用和推广的基础。

（3）实现能量和蛋白质等营养素的均衡廉价供应。育肥猪胃和消化道的容积大，采食量增大，因此，要根据采食量确定能量水平，注意饲料能氮平衡。适宜的能量能够保证猪脂肪沉积，适宜的蛋白质能够改善猪胴体品质，这就要求日粮具有适宜的能量蛋白比。矿物质和维生素长期过量或不足，将导致猪代谢紊乱，轻者增重减慢，严重的发生缺乏症或死亡，日粮要补足。

4. 配方示例

4% 预混料中包括育肥猪所需要的赖氨酸、蛋氨酸、苏氨酸、磷酸氢钙、石粉、食盐、维生素、微量元素及酸制剂等非营养添加剂，其他营养水平均满足或超过中国瘦肉型猪饲养标准（NY/T 65–2004），仅供参考。

豆粕 + 麸皮育肥猪配方示例（%）

配方	配方 1	配方 2	配方 3	配方 4
玉米	71	69.56	69.2	69.10
豆粕（43%）	15.00	14.44	14.4	14.20
麸皮	10	12.00	12.40	12.70
预混料	4.00	4.00	4.00	4.00
合计	100	100.00	100	100
消化能（MJ/kg）	13.46	13.36	13.34	13.32
粗蛋白	14.50	14.44	14.45	14.40

豆粕 + 棉粕 + 麸皮育肥猪配方示例（%）

配方	配方 1	配方 2	配方 3	配方 4
玉米	71.50	72.50	73.50	74.50
豆粕（46%）	11.00	11.50	11.50	11.30
棉粕（46%）	3.50	3.50	3.50	3.70
麸皮	10.00	8.50	7.50	6.50
预混料	4.00	4.00	4.00	4.00
合计	100	100	100	100
合计	100	100.00	100	100
消化能（MJ/kg）	13.40	13.42	13.47	13.52
粗蛋白	14.49	14.57	14.50	14.43

全株青贮玉米育肥猪配方示例（%）

配方	配方 1	配方 2	配方 3	配方 4
鲜全株青贮玉米	0.00	40.00	50.00	60.00
风干全株青贮玉米	0.00	12.40	15.50	18.60
玉米	70.78	55.52	53.38	53.70
小麦麸	10.00	7.00	5.00	0.00
豆粕	16.70	18.50	19.00	20.00
大豆油	0.00	4.00	4.50	5.00
预混料	2.52	2.58	2.62	2.70
合计	100	100	100	100
消化能（MJ/kg）	13.36	13.36	13.31	13.40
粗蛋白	14.47	14.51	14.48	14.39

第七章 肉猪疾病防控

一、以拉痢、腹泻为主要特征的疾病

断奶后腹泻是保育猪常见的发病及死亡原因，常发于断奶后 5 天内。腹泻严重时，病猪会双眼下陷和肢体末梢轻微发紫，甚至死亡。症状较轻时会导致病猪水样腹泻、脱水、掉膘及延迟出栏，每腹泻一天，猪出栏延迟 5 天左右。保育仔猪发生腹泻后，应尽快将相关病料送交实验室，进行细菌学和病毒学检测，以便鉴别诊断，同时做药敏试验确定抗生素的敏感性。

仔猪断奶后腹泻

1. 仔猪黄痢

本病是由某些溶血性大肠杆菌引起的，初生仔猪患的一种急性、高度致死性肠道传染病。

临床症状：突然发病，病初拉黄色混有气泡稀粪，味腥臭。剖检严重脱水，十二指肠黏膜充血、出血、肠内容物黄色或黄红色，空肠、回肠病变较轻，明显积气。肠系膜淋巴结充血、肿大，切面多汁。心、肝、肾变性，有小出血点。

粪便中含有未消化的凝乳块

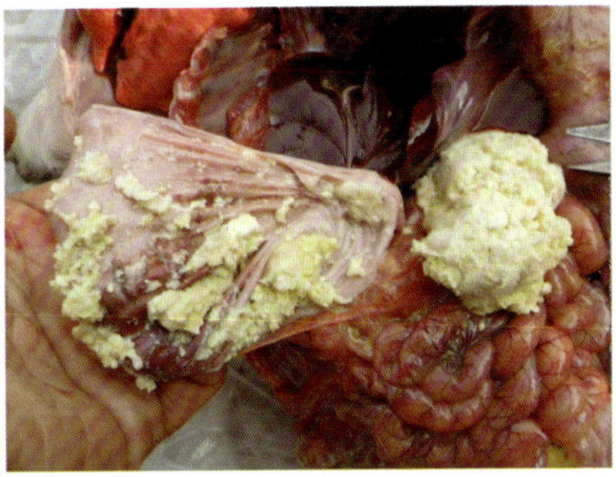

胃黏膜肿胀、充血或出血，
内含黄色带气泡的液体

2. 仔猪白痢

本病是由某些血清型大肠杆菌引起的。

临床症状：主要发生于 10~30 日龄仔猪，排乳白、灰白或黄白色糊状稀粪，味腥臭，有时混有气泡。

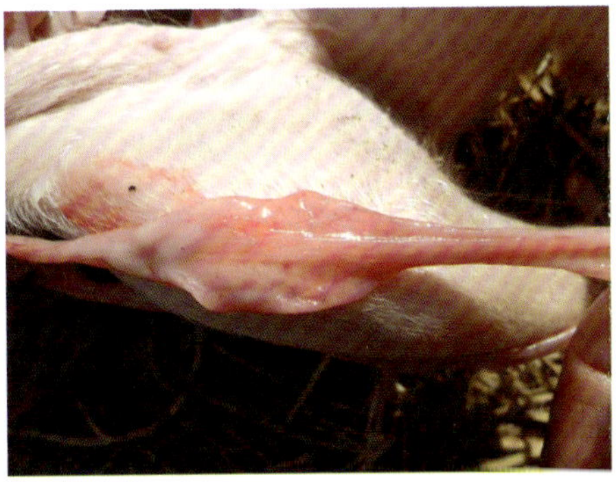

小肠扩张充气，肠壁变薄，
肠系膜淋巴结水肿

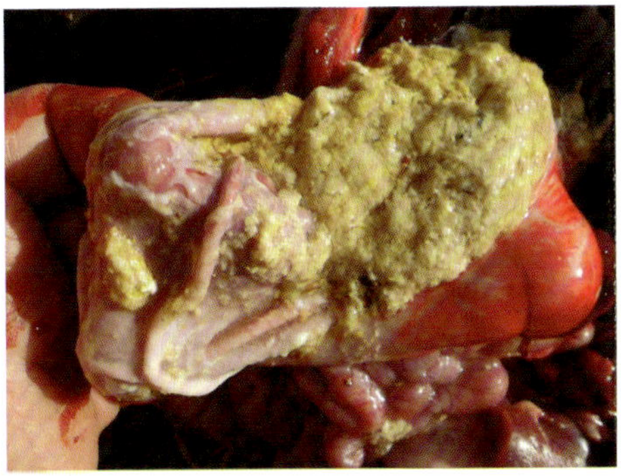

胃胀满，内含多量凝乳块，
黏膜卡他性炎症，含黄白酸臭液体

3. 仔猪红痢

本病是由 C 型产气荚膜梭菌引起，多发于 1 周龄内特别是 3 日龄仔猪，少发于 2~4 周龄仔猪。

临床症状：精神沉郁，不吃乳，有的仔猪不见拉稀即死亡，表现怕冷、四肢无力、行走摇摆、腹泻。开始排灰黄或灰绿色稀粪，后变为红色糊状，故称红痢。

仔猪黄痢、白痢、红痢的治疗：仔痢安肌肉注射，弗利尔、肠毒散饮水或拌料。

4. 猪流行性腹泻

由病毒引起。

临床症状：与传染性胃肠炎很相似，各年龄猪都可感染发病。表现呕吐、腹泻，初生仔猪发病后常因严重脱水而很快死亡。多于吃食或吃乳之后发生呕吐，粪便呈水样，灰黄色或灰色。体温正常或稍高。

发病猪水样腹泻

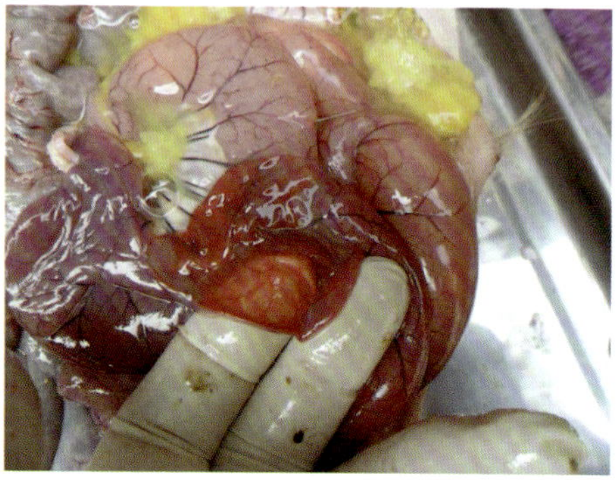
小肠扩张，小肠黏膜充血、出血，内充满黄色液体

5. 猪痢疾

由猪痢疾密螺旋体引起的一种急性或慢性肠道传染病。

临床症状：潜伏期 7~8 天，长的可达 2 个月以上。一般先是排黄到灰色的软粪，逐渐变为黄色稀粪，内混黏液及血液。重者排出红色糊状稀粪，内有大量黏液、血块及脓性分泌物，或排出红色胶冻样物。有的排灰色稀粪并混有许多小气泡，表面附着一层煤油样光泽。病程长的猪排出黑色稀粪，故称黑痢。病猪厌食、喜饮水，体温不高或稍高（40~40.6℃），弓背，脱水，行走摇摆，迅速消瘦，最后因衰竭而死。

粪便附着黏液和渗出物碎片

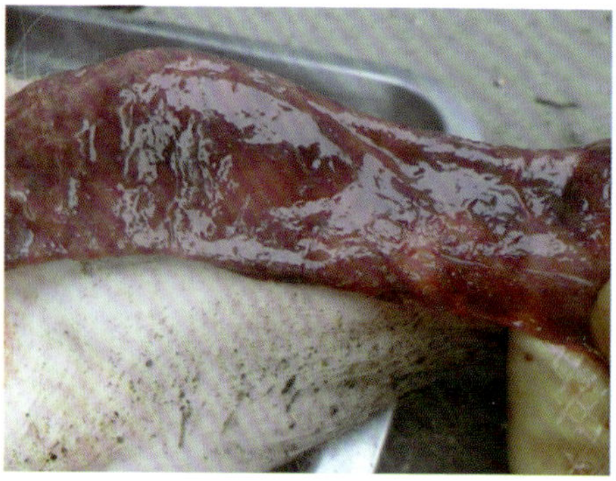
结肠黏膜明显肿胀，已无典型的皱褶

防治措施：治疗用硫黏菌素、沃尼妙林、泰乐菌素和林可霉素 4 种药物。病重猪通过非肠道途径给药（肌肉注射），连续治疗 3 天；对大群猪治疗时，饮水给药 5~7 天。当不能进行饮水给药时，将药物混于饲料中，饲喂 7~10 天。

6. 猪轮状病毒感染

由小猪轮状病毒感染引起发病。多发生于 8 周龄以内仔猪，晚秋、冬季和早春多发。

临床症状：病猪精神沉郁，减食，不愿走动，喂食后常有呕吐，迅速发生水样或糊状腹泻，粪便黄色或黑色。腹泻 3~7 天，常因严重脱水而死亡。

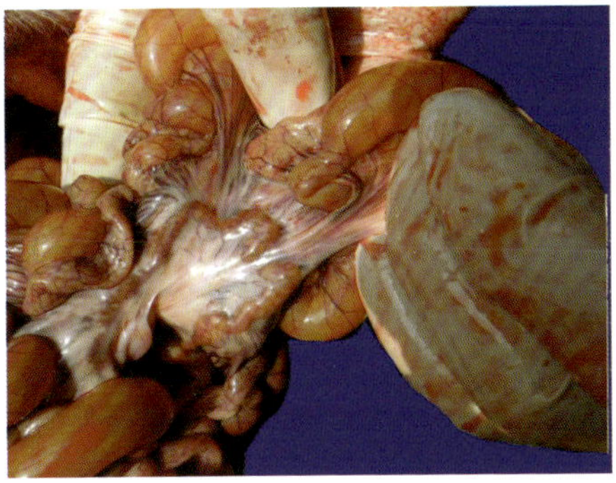

肠系膜淋巴结变小且呈棕褐色

小肠壁变薄、松弛、膨胀、半透明，内容物呈水样、黄色或灰白色液体

防治措施：该病没有特效药物，只能对症治疗。病猪出现脱水和酸中毒症状，可静脉注射适量的葡萄糖生理盐水和碳酸氢钠溶液；病猪出现腹泻症状，可以使用抗菌类药物，避免继发细菌感染。此外，可给予病猪黄芪多糖和病毒灵注射液抗病毒治疗；选择使用商品化猪流行性腹泻—猪传染性胃肠炎—猪轮状病毒三联或猪传染性胃肠炎—猪轮状病毒二联疫苗，定期免疫接种。在仔猪出生后或者母猪产前 20~30 天接种，能够有效预防母猪及其所产仔猪发病。

7. 猪传染性胃肠炎

由病毒引起，各年龄猪均可感染。10 日龄以内的仔猪发病率和死亡率高，断乳猪、育肥猪和成年猪发病轻微，并能自然康复。本病常为散发的地方流行性，全年均可发生，但冬季和早春较多发。

临床症状：一般潜伏期为 12~48 小时，本病传播迅速，数日内可使猪群大部分感染。同栏或同窝仔猪在 1~2 天相继发病，表现呕吐、水样腹泻，粪呈黄色、绿色或灰白色，并含有乳凝块。患病仔猪迅速脱水，极度口渴，体重明显下降。架子猪、肥猪和母猪的病症轻微、减食或不食，少数猪有呕吐、腹泻，粪呈灰色或褐色，一般经 5~8 天康复。

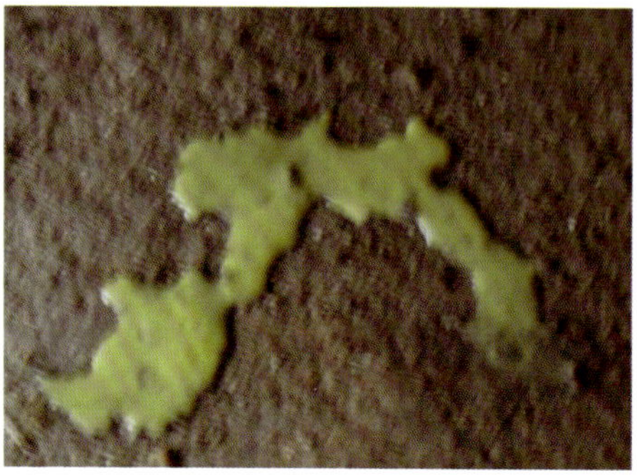

排出黄色糊状或水样粪便，腥臭

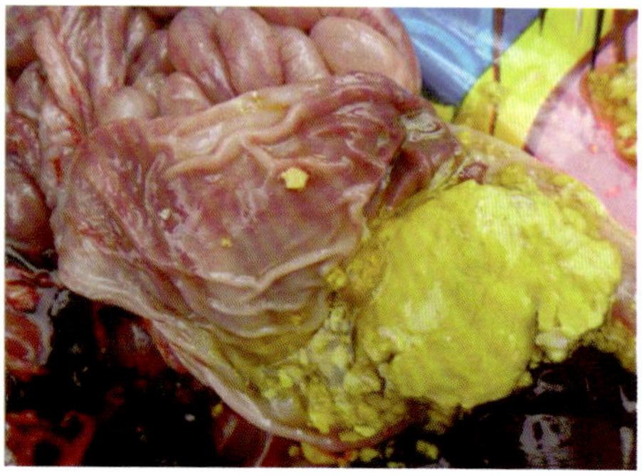

胃胀气，剖开可见未消化的乳块，胃底潮红充血

防治措施：选择使用商品化猪流行性腹泻—猪传染性胃肠炎—猪轮状病毒三联或二联疫苗，定期免疫接种。母猪可在产前 20~30 天接种，能够有效预防母猪及其所产仔猪发病。

二、以呼吸困难、咳嗽为主要特征的呼吸道疾病

1. 猪气喘病

由猪肺炎霉形体引起的一种慢性接触性传染病。

临床症状：病初期不易发现，病猪体温和食欲正常。随着病情的发展，病猪精神不好，消瘦、拱背、皮毛粗乱无光，减食或不食，咳嗽、喘气逐渐加重，严重的犬坐式呼吸。慢性病猪生长发育不良。病程为 1 个月左右。剖检肺膨大，前下缘为紫红色到灰红色或灰白色实变区，气管内有灰白色带气泡的黏液。肺门及纵隔淋巴结肿大。质硬，切面呈黄白色，淋巴滤泡明显增生。

病猪呼吸增快，呈犬坐式腹式呼吸

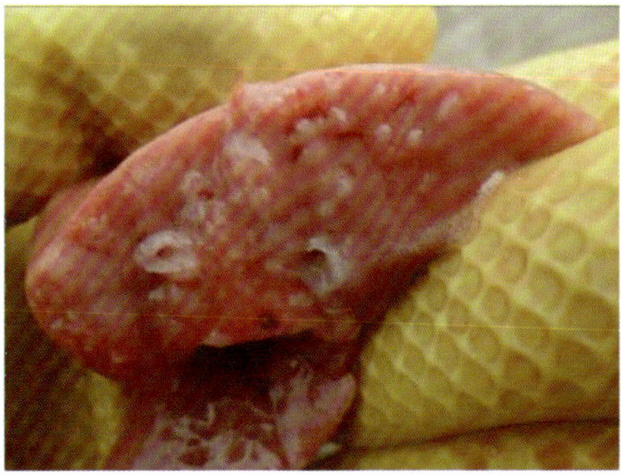
肺水肿

防治措施：每吨饲料中添加 200 g 金霉素或 250 g 林可霉素，连续使用 3 周，预防猪喘气病；泰妙菌素拌料给药，连用 5~7 天。肌肉注射林可霉素 4 万 IU/kg 体重，每天 2 次，连续 5 天为一疗程，必要时延续 2~3 个疗程。使用替米考星、泰乐菌素效果良好。

2. 猪传染性胸膜肺炎

由胸膜肺炎纹线杆菌引起的一种接触性传染病。

临床症状：病情急剧，病猪体温达 40℃以上，精神沉郁，食欲减退或不吃，饮欲增加，呼吸音变粗，有啰音，脉搏增快，咳嗽；鼻液黏稠，呈白色、黄白色或铁锈色。有的眼睑肿胀，并有眼屎。病后期黏膜发绀，咳嗽加剧；呼吸困难，脉搏快而弱，食欲废绝，站立不稳或呈昏睡样，衰竭而死。

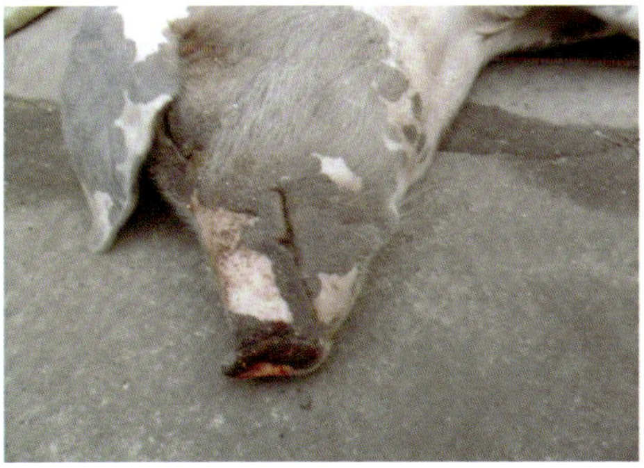
口鼻周围含有血的泡沫液

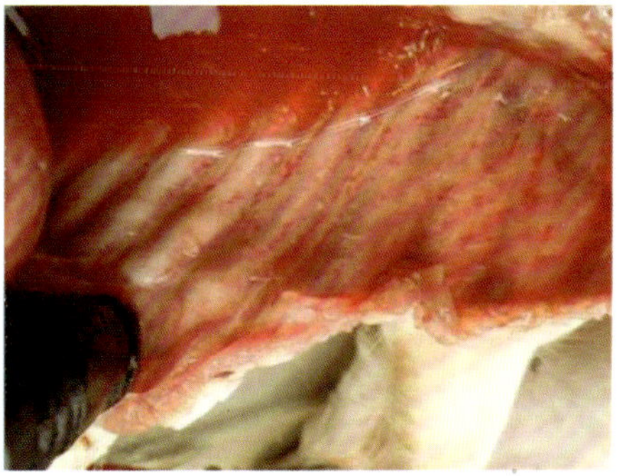
胸膜出血并附着有黄白色纤维素性物

防治措施：饲料中拌支原净、强力霉素或氟甲砜霉素，连续用药 5~7 天，有较好的疗效。硫酸阿米卡星注射液，肌肉注射或静脉滴注；50 kg 体重猪

1.5~2.5 g，每日 2 次，连用 4 天。氟甲砜霉素肌肉注射或胸腔注射，每日 1 次，连用 3 天以上；肌肉注射青霉素，3 万 ~5 万 IU/kg 体重，每日 2 次，连用3~5 天。

3. 猪传染性萎缩性鼻炎

本病是由支气管败血波氏杆菌及其他细菌引起的一种慢性接触性呼吸道传染病，常见于 2~5 月龄猪。

临床症状：仔猪最初打喷嚏，流鼻液。感染猪持续打喷嚏，或流鼻血，在猪舍墙壁或猪背上可见到血迹。病猪在剧烈打喷嚏时，可从鼻孔喷出黏脓性物，甚至鼻甲骨碎片。呼吸困难，有打鼾声。结膜炎，流泪，泪水与尘土粘合，常在眼眶下部形成一半月形的泪痕，呈褐色或黑色，故有“黑斑眼”之称。

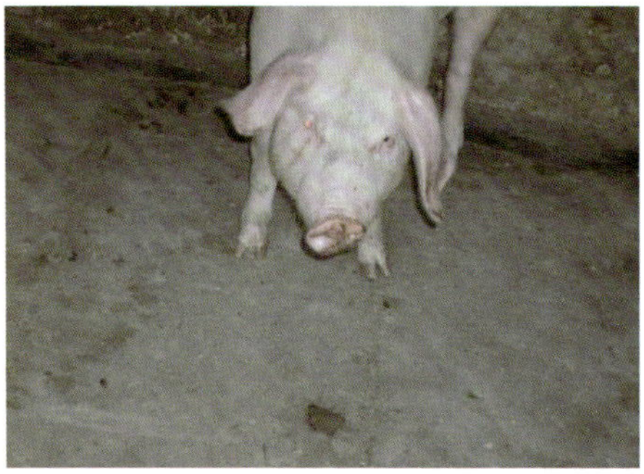

鼻软骨变形，呈“嘴歪眼斜”状

鼻盘湿润，鼻腔内有大量黏稠脓性，甚至干酪性渗出物

防治措施：3 天、7 天和 14 天时给仔猪注射多西环素；断奶仔猪饲料中加抗生素，连喂几周；注射疫苗；磺胺间甲氧嘧啶拌料或者肌肉注射，同时卡那霉素滴鼻。

三、以高热为主要特征的传染病

1. 猪链球菌病

临床症状：潜伏期 1~3 天或更长。急性型病猪突然发病，体温稽留在 41℃以上；厌食，喜饮冷水，便秘；流浆液性鼻液，流涎，附着泡沫；结膜发炎，流泪；部分病猪发生多发性关节炎，跛行或不能起立。慢性型病猪体

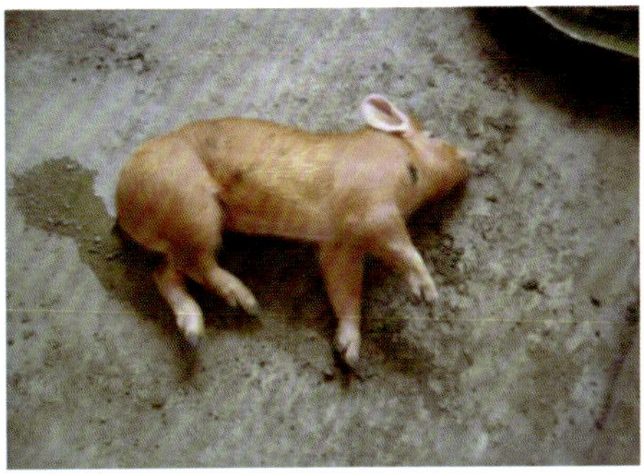
脑炎型病猪运动失调，游泳状运动及痉挛

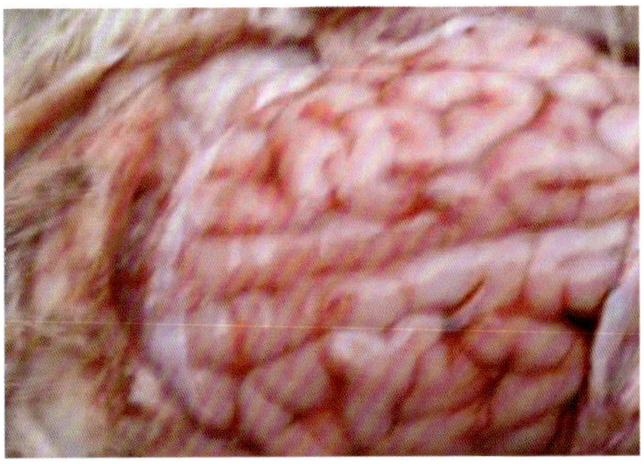
脑膜充血或出血

温时高时低，一般在 40℃左右；精神、食欲时好时坏；一肢或多肢关节肿大，跛行，站立困难或卧地不起；逐渐消瘦，贫血，衰竭而死。

防治措施：猪舍保持清洁干燥，定期消毒，病猪用青霉素、链霉素、四环素、磺胺类药物均可。给病猪肌肉注射抗菌药、抗炎药（如地塞米松），经口给药无效；青霉素 5 万 U/kg 体重，每日 2 次，连用 3 天；磺胺嘧啶是治疗链球菌性脑膜炎的首选药物。治疗时要延长治疗周期，一般用药应不低于 1 周。

2. 猪附红细胞体病

临床症状：仔猪皮肤黏膜苍白，黄疸，体温 40~42℃，精神不振，减食或不食。母猪急性型持续高热（40~41.7℃），厌食或不食，产后奶少，逐渐自愈；慢性型母猪衰弱，黏膜苍白，黄疸，不发情，或屡配不孕。剖检主要变化为贫血，皮肤黏膜苍白，血液稀薄，全身性黄疸；肝呈黄红色，脾肿大，淋巴结水肿，胸腔及腹腔积液。

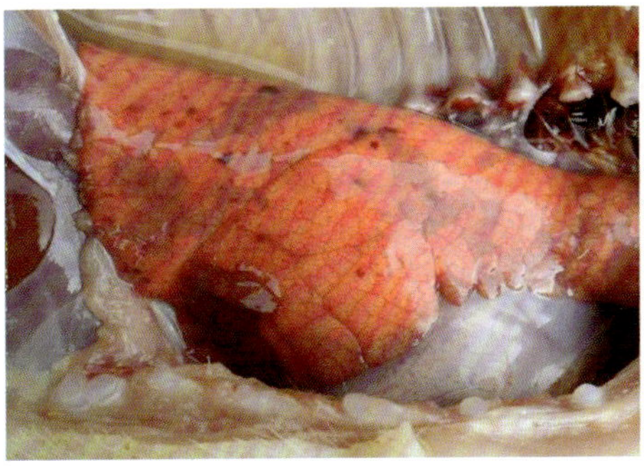
肺脏黄染出血

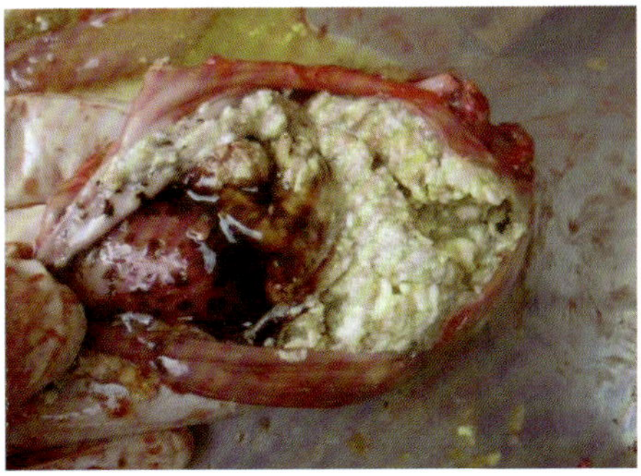
胃黏膜深层溃疡灶，接近穿孔

防治措施：一般选择红霉素、罗红霉素或阿奇霉素等大环内酯类抗生素，因为支原体无细胞壁，故青霉素或头孢菌素类抗生素对该病无效。

四、猪常见病毒性疾病

1. 口蹄疫

临床症状：潜伏期为 1~2 天或更长，病初体温 40~41.5℃，精神、食欲不振。接着在蹄冠、蹄叉的蹄踵部出现局部红热斑，不久形成水泡。在鼻盘、口腔黏膜，母猪乳头等处也可发生水泡。水泡破溃后形成糜烂面，若不发生细菌感染，1 周痂痊愈。

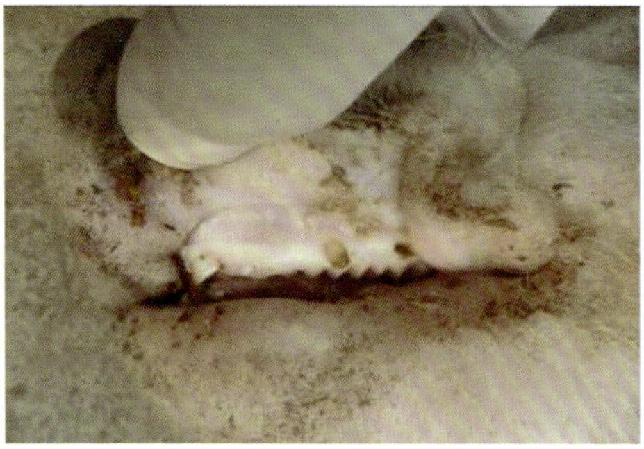
口腔齿龈处水泡溃烂

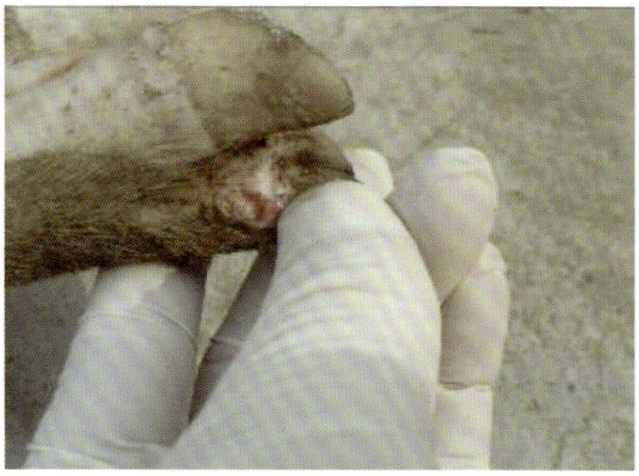
蹄冠水泡溃烂

防治措施：五毒健心散拌料，可有效预防口蹄疫、心肌炎。

2. 猪繁殖和呼吸障碍综合征（蓝耳病）

临床症状：妊娠母猪精神沉郁、厌食、呼吸困难，双耳皮肤出现一过性深青紫色斑，流产、早产，产死胎、木乃伊胎、弱仔，不发情。仔猪眼睑肿胀，呼吸困难，肌肉震颤，共济失调，持续发热，发育不良，断奶前后死亡率高达 80%。剖检肺部，有轻度、弥散、灰褐色变化。组织学检查细胞间质性肺炎。鼻甲骨纤毛脱落，上皮细胞变性，鼻炎。仔猪淋巴结坏死。病猪易继发感染副猪嗜血杆菌病、链球菌，死亡率高。

猪繁殖与呼吸综合征病毒污染面广，多种基因型同时流行，感染情况复杂。近年来美洲株 NADC30-like 和欧洲株蔓延迅速，已成为主要流行毒株，现有疫苗保护力与猪场感染的毒株基因型有很大关系。根据本场猪繁殖与呼

妊娠后期死胎，较均匀

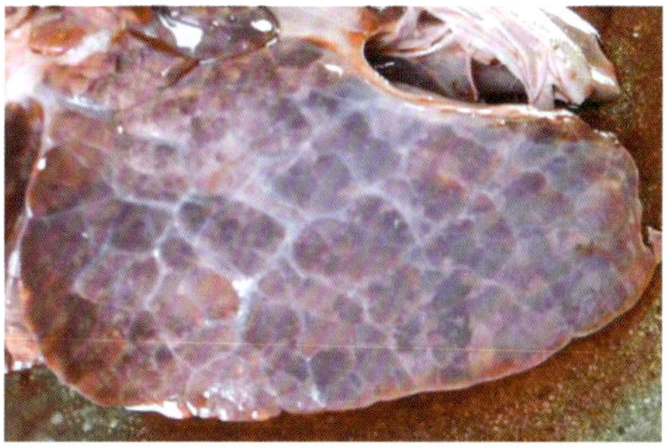

肺脏肿大出血

吸综合征感染情况，制定相应的防控措施。阴性猪场要制定有效的生物安全防控方案。根据阳性猪场流行毒株选择主流基因型疫苗，控制猪场感染，保持生产稳定，切不可随意更换不同基因型疫苗。

3. 猪瘟

由猪瘟病毒引起的一种急性、热性、高度传染性和致死性传染病。

临床症状：潜伏期 4~6 天，有的长达 21 天。根据病程长短，可分为最急性、急性和慢性三型。最急性型：较少见，多发生于流行初期，猪突然发病，体温 41~42℃，皮肤和黏膜有紫绀和出血，肌颤抖，四肢抽搐，病程 1~2 天。急性型：病猪体温稽留在 40.5~42℃，减食或不食。有时在喂料时走至食槽吃几口或鼻子闻一会儿，又回到休息的地方。常饮水，有的呕吐。眼结膜发炎，严重者上、下眼睑粘住，不能睁开，鼻孔流黏脓性分泌物。初便秘，后下痢，间或有不发生下痢的。慢性型：急性型病猪不死，常转为慢性经过。体温时高时低。食欲时好时坏，便秘和腹泻交替发生，但以腹泻为主。病猪逐渐消瘦，贫血，后肢无力；步态不稳，被毛粗乱；皮肤发疹，结痂；耳、尾肢端等坏死。

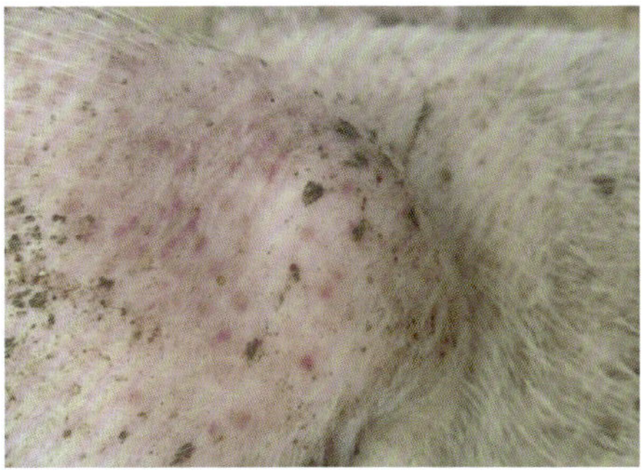

病猪耳外侧出血斑点

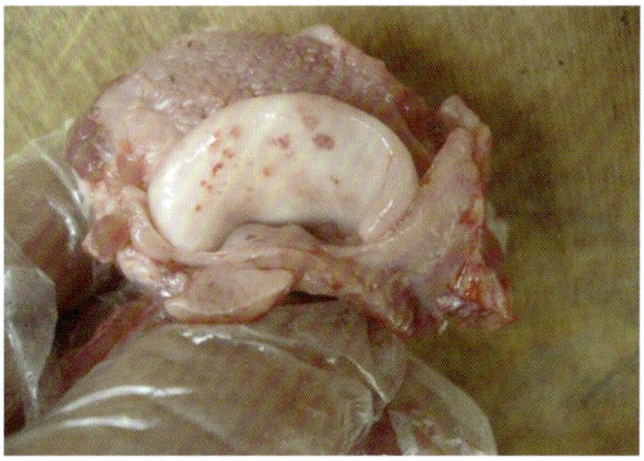

喉头黏膜和扁桃体出血

防治措施：定期接种疫苗。新生仔猪应在 6 周龄免疫一次，5 月龄再一次免疫，增强免疫效果。成年种猪每年免疫 1~2 次，暴发猪瘟时紧急免疫，对猪群免疫，注意针头消毒。

4. 断奶仔猪多系统衰竭综合征

断奶仔猪 6~8 周龄开始发病，通常表现为断奶仔猪被毛粗乱、皮肤苍白，有时伴有黄疸并出现厌食，生长缓慢，渐进性消瘦。治疗病猪均无效，保育仔猪的育成率降低，淘汰率升高。该病与猪圆环病毒 2 型（PCV2）感染有关。通过免疫母猪群、仔猪圆环病毒疫苗和采取良好的饲养管理措施，预防本病。

仔猪渐进性消瘦

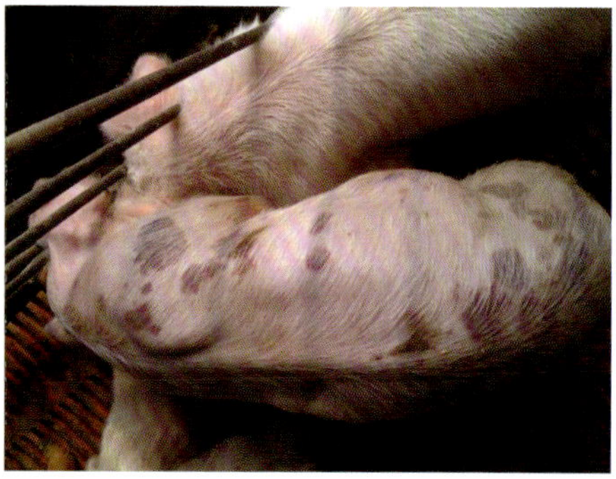

全身皮肤斑块

五、疫苗的使用

目前，控制猪传染病的最有效手段仍然是接种疫苗。疫苗产品的质量尤为重要，但免疫效果还受到贮运条件、稀释方法、免疫途径、动物健康状况及生存环境等诸多因素影响，尤其在目前猪普遍多病原的多重感染和混合感染情况下，任何一个环节处理不当都会导致免疫效果下降，甚至造成免疫失败。有时还会因免疫操作不当，造成疫病流行。

1. 疫苗的保存、领取

疫苗必须按说明要求保存。保存疫苗的冰箱必须是“手动除霜型”（避免停电没有冰块）。2~8℃保存疫苗，不要贴到冰箱、冰柜壁，否则，容易发生结冰，可在冰箱壁放一层纸壳等隔离物。在冰箱各层放置高低温度计（水银温度计），每天记录温度情况。领用疫苗要用专用疫苗保温箱，放置冰袋。

疫苗领用后马上使用，不能超过 4 个小时。

2. 器械的准备和消毒

注射疫苗选用金属注射器或者连续注射器。针头用小铝盒分装。每次免疫后将注射器拆卸，与针头等清洗干净，用纯净水煮沸 10 分钟。待冷却后调试，抽取部分生理盐水涮洗。发现针头有倒钩、弯曲等现象，及时更换。使用前再次检查注射器和针头的质量及干净程度。

3. 疫苗回温

疫苗免疫前于常温下解冻，立即稀释与接种。不同种类疫苗的回温时间存在差异，猪瘟苗、猪蓝耳病活疫苗、伪狂犬解冻时间为 1 分钟；口蹄疫疫苗、猪圆环病毒 2 型灭活疫苗为 10 分钟；大于 100 ml 的冻干苗解冻，须完全变为液体，再用自来水冲水回温，解冻时间为 20 分钟。

4. 疫苗稀释

有专用稀释液的必须用，按公司指导剂量稀释。冻干苗须使用稀释液，先用 10 ml 注射器抽取稀释液 2 ml，注射进疫苗瓶，轻轻摇匀。待疫苗完全融化后，用注射器抽取溶液与稀释液，一并注入干净的 100 ml 生理盐水空瓶，并混匀。疫苗稀释和换瓶时，不能将疫苗瓶或稀释液瓶盖打开，只可使用消毒好的注射器进行密封移液，否则，会导致污染疫苗而失效。弱毒疫苗稀释后，放入避光有冰袋的泡沫箱里，必须在规定时间内用完，夏天 2 小时，冬天 3 小时。

5. 疫苗免疫操作

疫苗免疫前后 2 天内做好抗应激工作，可添加维生素 C、电解多维等抗应激药物。选择阴凉时段进行疫苗注射，夏季选在上午 10 点前和下午 5 点后。

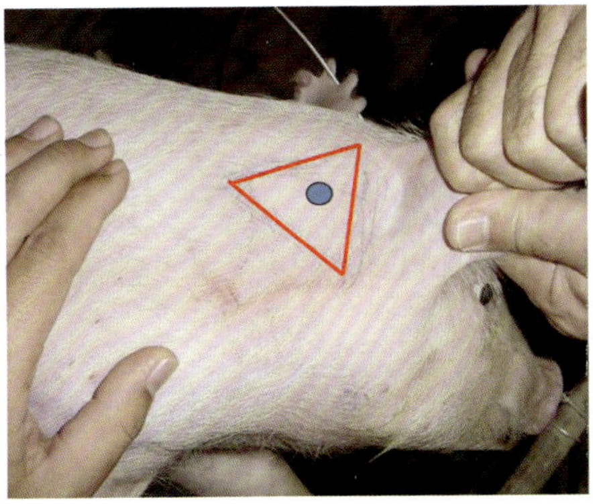

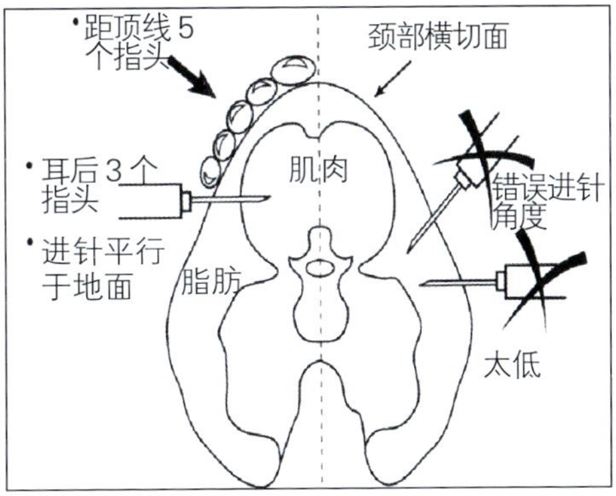

正确注射部位

每次抽取疫苗后都必须换针头，正常情况下至少每栏换一个针头。注射器内的疫苗不能回注疫苗瓶，避免污染。先免疫健康度好的猪只，再免疫健康状态偏差的猪只。

两种疫苗不能混合使用，同时免疫两种疫苗时，分边两侧注射。注射疫苗出现过敏性休克的猪只，可肌肉注射地塞米松或者肾上腺素。

6. 疫苗注射后工作

在肉猪免疫前后 3 天的饲料或饮水中添加抗应激添加剂，免疫细菌活苗前后 3 天全群禁止使用各种抗生素，注射病毒活苗后 3 天内禁止使用中药保健药物。

用过的疫苗瓶及未用完的疫苗，用有效消毒水浸泡后统一焚烧处理。